Die Steuerung moderner Otto- und Dieselmotoren macht einen stetig steigenden Anteil an Fahrzeugelektronik erforderlich, um die hohen Forderungen nach einer Reduzierung der Emissionen zur erfüllen. Um die Funktion der Fahrzeugantriebe und das Zusammenwirken der Komponenten und Systeme richtig zu verstehen, ist daher ein Fundus an Informationen von deren Grundlagen bis zur Arbeitsweise erforderlich. Fundiert stellt dieser Ordner „Motorsteuerung lernen" in 10 Lehrheften das zum Verständnis erforderliche Basiswissen bereit, erläutert die Funktion und zeigt die Anwendung aktueller Motorsteuerung in Diesel- und Ottomotor. Die Hefte bieten einen raschen und sicheren Zugriff sowie anschauliche, anwendungsorientierte und systematische Erklärungen.

Konrad Reif

Hrsg.

Einspritzsysteme für Dieselmotoren

2. Auflage

 Springer Vieweg

Hrsg.
Konrad Reif
Campus Friedrichhafen
Duale Hochschule Baden-Württemberg
Friedrichshafen, Deutschland

ISSN 2364-6349   ISSN 2364-6357 (electronic)
Motorsteuerung lernen
ISBN 978-3-658-38724-2
https://doi.org/10.1007/978-3-658-38724-2

Die Deutsche Nationalbibliothek verzeichnet diese Publikation in der Deutschen Nationalbibliografie; detaillierte bibliografische Daten sind im Internet über http://dnb.d-nb.de abrufbar.

Planung/Lektorat: Markus Braun
Springer Vieweg ist ein Imprint der eingetragenen Gesellschaft Springer Fachmedien Wiesbaden GmbH und ist ein Teil von Springer Nature.
Die Anschrift der Gesellschaft ist: Abraham-Lincoln-Str. 46, 65189 Wiesbaden, Germany

Inhaltsverzeichnis

Christoffer Uhr, Dietmar Zeh, Andreas Rettich, Helmut Sommariva, Uwe
Gordon, Gerd Lösch, Michael Stengele, Tomáš Kománek, Helmut
Gießauf, Peter Haider, Christoph Kendlbacher, Johannes Schnedt, Adil
Okumuşoğlu, Herbert Lederhilger, Mario Stasjuk und Ulrich Projahn

Autorenverzeichnis

Grundlagen und Einsatzgebiete des Dieselmotors

Dr.-Ing. Sebastian Fischer

Gemischbildung, Einspritzung und Einspritzsysteme

Dr.-Ing. Sebastian Fischer

Dipl.-Ing. Werner Pape

Dr. techn. Christoph Kendlbacher, Robert Bosch AG, Hallein, Österreich.

Dipl.-Ing. Matthias Hickl

Dipl.-Phys. Thomas Becker

Dr.-Ing. Christian Seibel

Dipl.-Ing. Martin Bernhaupt, Robert Bosch AG, Hallein, Österreich.

Dr.-Ing. Ulrich Projahn

Hochdruckkomponenten des Common-Rail-Systems für Pkw- und Nfz-Dieselmotoren

Dipl.-Ing. Christoffer Uhr

Dr.-Ing. Dietmar Zeh

Dipl.-Ing. Andreas Rettich

Dr. techn. Helmut Sommariva, Robert Bosch AG, Linz, Österreich.

Dipl.-Ing. Uwe Gordon, Centro Studi Componenti per Veicoli S.p.A., Modugno, Italien.

Dipl.-Ing. Gerd Lösch

Dipl.-Ing. Michael Stengele

Dipl.-Ing. Tomáš Kománek, Bosch Diesel s.r.o., Jihlava, Tschechien.

Dipl.-Ing. Helmut Gießauf, Robert Bosch AG, Hallein, Österreich.

Dipl.-Ing. Peter Haider, Robert Bosch AG, Hallein, Österreich.

Dr. techn. Christoph Kendlbacher, Robert Bosch AG, Hallein, Österreich.

Dipl.-Ing. Johannes Schnedt, Robert Bosch AG, Hallein, Österreich.

B.Sc. MBA Adil Okumuşoğlu, Bosch san. Ve Tic. A.S., Bursa, Türkei.

Dipl.-Ing. Herbert Lederhilger, Robert Bosch AG, Linz, Österreich.

Dipl.-Ing. Mario Stasjuk, Robert Bosch AG, Linz, Österreich.

Dr.-Ing. Ulrich Projahn
    Soweit nicht anders angegeben, handelt es sich um Mitarbeiter der Robert Bosch GmbH.

Grundlagen und Einsatzgebiete des Dieselmotors

1

Sebastian Fischer

Der Dieselmotor ist ein Selbstzündungsmotor mit innerer Gemischbildung. Die für die Verbrennung benötigte Luft wird im Brennraum hoch verdichtet. Dabei entstehen hohe Temperaturen, bei denen sich der eingespritzte Dieselkraftstoff selbst entzündet. Die im Dieselkraftstoff enthaltene chemische Energie wird vom Dieselmotor über Wärme in mechanische Arbeit umgesetzt.

Der Dieselmotor ist die Verbrennungskraftmaschine mit dem höchsten effektiven Wirkungsgrad (bei großen, langsam laufenden Motoren mehr als 50 %). Der damit verbundene niedrige Kraftstoffverbrauch, die vergleichsweise schadstoffarmen Abgase und das vor allem durch Voreinspritzung verminderte Geräusch verhalfen dem Dieselmotor zu großer Verbreitung.

Der Dieselmotor eignet sich besonders für die Aufladung. Sie erhöht nicht nur die Leistungsausbeute und verbessert den Wirkungsgrad, sondern vermindert zudem die Schadstoffe im Abgas und das Verbrennungsgeräusch. Zur Reduzierung der NO_x-Emission bei Pkw und Nfz wird ein Teil des Abgases in den Ansaugtrakt des Motors zurückgeleitet (Abgasrückführung). Um noch niedrigere NO_x-Emissionen zu erhalten, kann das zurückgeführte Abgas gekühlt werden.

Dieselmotoren können sowohl nach dem Zweitakt- als auch nach dem Viertakt-Prinzip arbeiten. Im Kraftfahrzeug kommen ausschließlich Viertakt-Dieselmotoren zum Einsatz.

S. Fischer (✉)
Robert Bosch GmbH, Stuttgart, Deutschland
E-Mail: Sebastian.Fischer@de.bosch.com

© Springer Fachmedien Wiesbaden GmbH, ein Teil von Springer Nature 2023
K. Reif (Hrsg.), *Einspritzsysteme für Dieselmotoren*, Motorsteuerung lernen,
https://doi.org/10.1007/978-3-658-38724-2_1

1.1 Arbeitsweise

Ein Dieselmotor enthält einen oder mehrere Zylinder. Angetrieben durch die Verbrennung des Luft-Kraftstoff-Gemischs führt ein Kolben (Abb. 1.1, Pos. 3) je Zylinder (5) eine periodische Auf- und Abwärtsbewegung aus. Dieses Funktionsprinzip gab dem Motor den Namen „Hubkolbenmotor".

Die Pleuelstange (11) setzt diese Hubbewegungen der Kolben in eine Rotationsbewegung der Kurbelwelle (14) um. Eine Schwungmasse (15) an der Kurbelwelle hält die Bewegung aufrecht und vermindert die Drehungleichförmigkeit, die durch die Verbrennungen in den einzelnen Kolben entsteht. Die Kurbelwellendrehzahl wird auch Motordrehzahl genannt.

1.1.1 Viertakt-Verfahren

Beim Viertakt-Dieselmotor (Abb. 1.2) steuern Gaswechselventile den Gaswechsel von Frischluft und Abgas. Sie öffnen oder schließen die Ein- und Auslasskanäle zu den Zylindern. Je Ein- bzw. Auslasskanal können ein oder zwei Ventile eingebaut sein.

1.1.1.1 1. Takt: Ansaugtakt (Abb. 1.2a)

Ausgehend vom oberen Totpunkt (OT) bewegt sich der Kolben (6) abwärts und vergrößert das Volumen im Zylinder. Durch das geöffnete Einlassventil (3) strömt Luft in den Zylinder ein. Im unteren Totpunkt (UT) hat das Zylindervolumen seine maximale Größe erreicht ($V_h + V_c$).

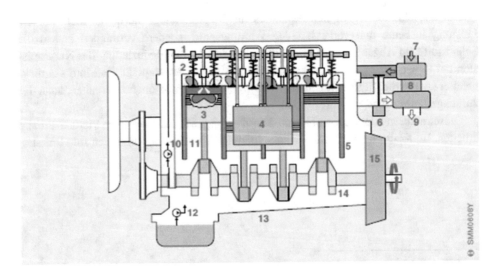

Abb. 1.1 Vierzylinder-Dieselmotor ohne Hilfsaggregate (Schema): 1 = Nockenwelle; 2 = Ventile; 3 = Kolben; 4 = Einspritzsystem; 5 = Zylinder; 6 = Abgasrückführung; 7 = Ansaugrohr; 8 = Lader (hier Abgasturbolader); 9 = Abgasrohr; 10 = Kühlsystem; 11 = Pleuelstange; 12 = Schmiersystem; 13 = Motorblock; 14 = Kurbelwelle; 15 = Schwungmasse

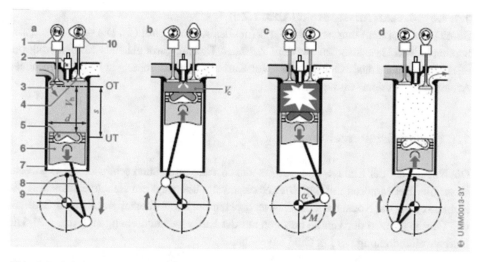

Abb. 1.2 Arbeitsspiel eines Viertakt-Dieselmotors: **a** Ansaugtakt, **b** Verdichtungtakt, **c** Arbeitstakt, **d** Ausstoßtakt. 1 = Einlassnockenwelle; 2 = Einspritzdüse; 3 = Einlassventil; 4 = Auslassventil; 5 = Brennraum; 6 = Kolben; 7 = Zylinderwand; 8 = Pleuelstange; 9 = Kurbelwelle; 10 = Auslassnockenwelle; α = Kurbelwellenwinkel; d = Durchmesser; M = Drehmoment; s = Kolbenhub; V_c = Kompressionsvolumen; V_h = Hubvolumen (Hubraum); OT = oberer Totpunkt des Kolbens; UT = unterer Totpunkt des Kolbens

1.1.1.2 2. Takt: Verdichtungtakt (Abb. 1.2b)

Die Gaswechselventile sind nun geschlossen. Der aufwärts gehende Kolben verdichtet (komprimiert) die im Zylinder eingeschlossene Luft entsprechend dem ausgeführten Verdichtungsverhältnis (von 6:1 bei Großmotoren bis 17:1 bei Pkw). Sie erwärmt sich dabei auf Temperaturen bis zu 900 °C. Gegen Ende des Verdichtungsvorgangs spritzt die Einspritzdüse (2) den Kraftstoff unter hohem Druck (derzeit bis zu 2700 bar) in die erhitzte Luft ein. Im oberen Totpunkt ist das minimale Volumen erreicht (Kompressionsvolumen V_c).

1.1.1.3 3. Takt: Arbeitstakt (Abb. 1.2c)

Der fein zerstäubte zündwillige Dieselkraftstoff bildet mit der hoch verdichteten heißen Luft im Brennraum (5) ein zündfähiges Gemisch, das sich selbst entzündet und verbrennt. Dadurch erhitzt sich die Zylinderladung weiter und der Druck im Zylinder steigt nochmals an. Die durch die Verbrennung frei gewordene Energie ist im Wesentlichen durch die eingespritzte Kraftstoffmasse bestimmt (Qualitätsregelung). Der Druck treibt den Kolben nach unten, die Energie wird teilweise in Bewegungsenergie umgewandelt. Ein Kurbeltrieb übersetzt die Kolbenbewegung in ein an der Kurbelwelle zur Verfügung stehendes Drehmoment.

1.1.1.4   4. Takt: Ausstoßtakt (Abb. 1.2d)

Bereits kurz vor dem unteren Totpunkt öffnet das Auslassventil (4). Die unter Druck stehenden heißen Gase strömen aus dem Zylinder. Der aufwärts gehende Kolben stößt die restlichen Abgase aus. Nach jeweils zwei Kurbelwellenumdrehungen beginnt ein neues Arbeitsspiel mit dem Ansaugtakt.

1.1.2   Ventilsteuerzeiten

Die Nocken auf der Einlass- und Auslassnockenwelle öffnen und schließen die Gaswechselventile. Bei Motoren mit nur einer Nockenwelle überträgt ein Hebelmechanismus die Hubbewegung der Nocken auf die Gaswechselventile. Die Steuerzeiten geben die Schließ- und Öffnungszeiten der Ventile bezogen auf die Kurbelwellendrehung an (Abb. 1.3). Die Kurbelwellendrehung wird in Grad angegeben.

Die Kurbelwelle treibt die Nockenwelle über einen Zahnriemen (bzw. eine Kette oder Zahnräder) an. Ein Arbeitsspiel umfasst beim Viertakt-Verfahren zwei Kurbelwellenumdrehungen. Die Nockenwellendrehzahl ist deshalb nur halb so groß wie die Kurbelwellendrehzahl. Das Untersetzungsverhältnis zwischen Kurbel- und Nockenwelle beträgt somit 2:1.

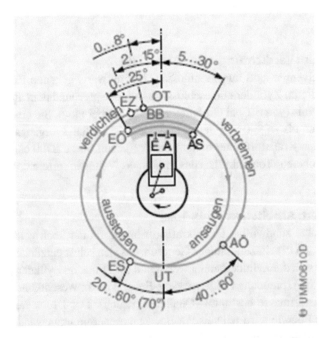

Abb. 1.3 Ventilsteuerzeiten (jeweils Kurbelwellenwinkel in Grad) eines Viertakt-Dieselmotors: AÖ = Auslass öffnet; AS = Auslass schließt; BB = Brennbeginn; EÖ = Einlass öffnet; ES = Einlass schließt; EZ = Einspritzzeitpunkt; OT = oberer Totpunkt des Kolbens; UT = unterer Totpunkt des Kolbens; ■ Ventilüberschneidung

Beim Übergang zwischen Ausstoß- und Ansaugtakt sind über einen bestimmten Bereich Auslass- und Einlassventil gleichzeitig geöffnet. Je nach Lage der Ventilüberschneidung kann ein positives oder negatives Druckgefälle über dem Motor herrschen. Bei positivem Druckgefälle wird durch die Ventilüberschneidung das restliche Abgas ausgespült und gleichzeitig der Zylinder gekühlt. Ein negatives Druckgefälle führt zu einer sogenannten internen Abgasrückführung, bei der ein kleiner Teil des Abgases im Zylinder zurückgehalten wird.

1.1.3 Verdichtung (Kompression)

Aus dem Hubraum V_h und dem Kompressionsvolumen V_c eines Kolbens ergibt sich das Verdichtungsverhältnis ε:

$$\varepsilon = \frac{V_h V_c}{V_c}$$

Die Verdichtung des Motors hat entscheidenden Einfluss auf:

- das Kaltstartverhalten,
- das erzeugte Drehmoment,
- den Kraftstoffverbrauch,
- die Geräuschemissionen und
- die Schadstoffemissionen.

Das Verdichtungsverhältnis ε beträgt bei Dieselmotoren für Pkw und Nfz je nach Motorbauweise und Einspritzart $\varepsilon = 15{:}1 \dots 17{:}1$. Die Verdichtung liegt also höher als beim Ottomotor ($\varepsilon = 7{:}1 \dots 13{:}1$). Aufgrund der begrenzten Klopffestigkeit des Benzins würde sich bei diesem das Luft-Kraftstoff-Gemisch bei hohem Kompressionsdruck und der sich daraus ergebenden hohen Brennraumtemperatur selbstständig und unkontrolliert entzünden.

Die Luft wird im Dieselmotor auf $30 \dots 50$ bar (beim Saugmotor) bzw. $70 \dots 150$ bar (beim aufgeladenen Motor) verdichtet. Dabei entstehen Temperaturen im Bereich von $700 \dots 900\ °C$ (Abb. 1.4). Die Zündtemperatur für die am leichtesten entflammbaren Komponenten im Dieselkraftstoff beträgt etwa $250\ °C$.

1.2 Drehmoment und Leistung

1.2.1 Drehmoment

Die Pleuelstange setzt die Hubbewegung des Kolbens in eine Rotationsbewegung der Kurbelwelle um. Die Kraft, mit der das expandierende Luft-Kraftstoff-Gemisch den Kol-

Abb. 1.4 Temperatur-
anstieg bei der Ver-
dichtung: OT = oberer
Totpunkt des Kolbens;
UT = unterer Totpunkt
des Kolbens

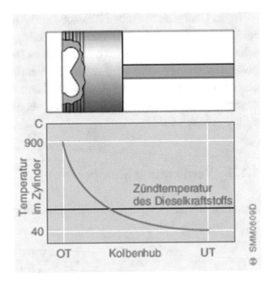

ben nach unten treibt, wird so über den Hebelarm der Kurbelwelle in ein Drehmoment umgesetzt. Das vom Motor abgegebene Drehmoment M hängt vom Mitteldruck p_e (mittlerer Kolben- bzw. Arbeitsdruck) ab. Es gilt mit V_H (Hubraum des Motors):

$$M = p_e V_H / 4\pi$$

Der Mitteldruck erreicht bei aufgeladenen kleinen Dieselmotoren für Pkw Werte von 17 … 25 bar. Zum Vergleich: Ottomotoren erreichen Werte von 7 … 11 bar.

Das maximal erreichbare Drehmoment M_{max}, das der Motor liefern kann, ist durch die Konstruktion des Motors bestimmt (Größe des Hubraums, Aufladung usw.). Die Anpassung des Drehmoments an die Erfordernisse des Fahrbetriebs erfolgt im Wesentlichen durch die Veränderung der Luft- und Kraftstoffmasse sowie durch die Gemischbildung. Das Drehmoment nimmt mit steigender Drehzahl n bis zum maximalen Drehmoment M_{max} zu (Abb. 1.5). Mit höheren Drehzahlen fällt das Drehmoment wieder ab.

Die Entwicklung in der Motortechnik zielt darauf ab, das maximale Drehmoment schon bei niedrigen Drehzahlen im Bereich von weniger als 2000 min^{-1} bereitzustellen, da in diesem Drehzahlbereich der Kraftstoffverbrauch am günstigsten ist und die Fahrbarkeit als angenehm empfunden wird (und für gutes Anfahrverhalten).

1.2.2 Leistung

Die vom Motor abgegebene Leistung P (erzeugte Arbeit pro Zeit) hängt vom Drehmoment M und der Motordrehzahl n ab. Die Motorleistung steigt mit der Drehzahl, bis sie bei der Nenndrehzahl n_{nenn} mit der Nennleistung P_{nenn} ihren Höchstwert erreicht. Es gilt der Zusammenhang:

Abb. 1.5 Beispiele für den Drehmoment- und Leistungsverlauf von Pkw-Dieselmotoren (Hubraum ca. 2,2 l) in Abhängigkeit von der Motordrehzahl:
a Leistungsverlauf,
b Drehmomentverlauf.
1 = Baujahr 1968;
2 = Baujahr 1998;
3 = Baujahr 2016

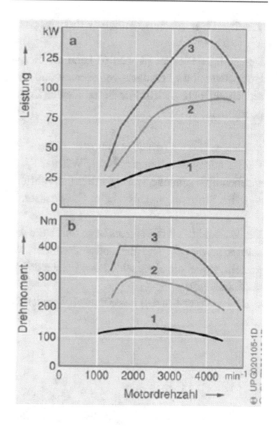

$$P = 2\pi n M$$

Abb. 1.5 zeigt den Vergleich von Dieselmotoren der Baujahre 1968, 1998 und 2016 mit ihrem typischen Leistungsverlauf in Abhängigkeit von der Motordrehzahl. Aufgrund der niedrigeren Maximaldrehzahlen haben Dieselmotoren eine geringere hubraumbezogene Leistung als Ottomotoren. Moderne Dieselmotoren für Pkw erreichen Nenndrehzahlen von 3500 … 5000 min^{-1}.

1.3   Motorwirkungsgrad

Der Verbrennungsmotor verrichtet Arbeit durch Druck-Volumen-Änderungen eines Arbeitsgases (einer Zylinderfüllung). Der effektive Wirkungsgrad des Motors ist das Verhältnis aus eingesetzter Energie (Kraftstoff) und nutzbarer Arbeit. Er ergibt sich aus dem thermischen Wirkungsgrad eines idealen Arbeitsprozesses (thermodynamischen Vergleichsprozesses) und den Verlustanteilen des realen Prozesses.

1.3.1 Thermodynamischer Vergleichsprozess

Der Seiliger-Prozess (Abb. 1.6) kann als thermodynamischer Vergleichsprozess für den Hubkolbenmotor herangezogen werden und beschreibt die unter Idealbedingungen theoretisch nutzbare Arbeit. Für diesen idealen Prozess werden folgende Vereinfachungen angenommen:

- ideales Gas als Arbeitsmedium,
- Gas mit konstanter spezifischer Wärme,
- unendlich schnelle Wärmezufuhr und -abfuhr,
- keine Strömungsverluste beim Gaswechsel.

Der Zustand des Arbeitsgases kann durch die Angabe von Druck (p) und Volumen (V) beschrieben werden. Die Zustandsänderungen werden im p-V-Diagramm (Abb. 1.6) dargestellt, wobei die eingeschlossene Fläche der Arbeit entspricht, die in einem Arbeitsspiel verrichtet wird.

Der Seiliger-Prozess besteht aus folgenden Prozessschritten:

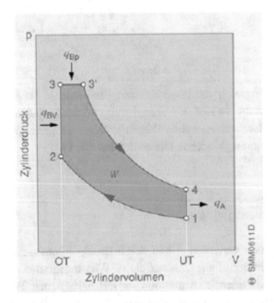

Abb. 1.6 Seiliger-Prozess für Dieselmotoren: 1-2 = isentrope Kompression; 2-3 = isochore Wärmezufuhr; 3-3 = isobare Wärmezufuhr; 3-4 = isentrope Expansion; 4-1 = isochore Wärmeabfuhr; OT = oberer Totpunkt des Kolbens; UT = unterer Totpunkt des Kolbens; q_A = abfließende Wärmemenge beim Gaswechsel; q_{Bp} = Verbrennungswärme bei konstantem Druck; q_{BV} = Verbrennungswärme bei konstantem Volumen; W = theoretische Arbeit

1.3.1.1   Isentrope Kompression (1-2)

Bei der isentropen Kompression (Verdichtung bei konstanter Entropie, d. h. ohne Wärmeaustausch) nimmt der Druck im Zylinder zu, während das Volumen abnimmt.

1.3.1.2   Isochore Wärmezufuhr (2-3)

Das Gemisch beginnt zu verbrennen. Die Wärmezufuhr (q_{BV}) erfolgt bei konstantem Volumen (isochor). Der Druck nimmt dabei zu.

1.3.1.3   Isobare Wärmezufuhr (3-3′)

Die weitere Wärmezufuhr (q_{Bp}) erfolgt bei konstantem Druck (isobar), während sich der Kolben abwärts bewegt und das Volumen zunimmt.

1.3.1.4   Isentrope Expansion (3′-4)

Der Kolben geht weiter zum unteren Totpunkt. Es findet kein Wärmeaustausch mehr statt. Der Druck nimmt ab, während das Volumen zunimmt.

1.3.1.5   Isochore Wärmeabfuhr (4-1)

Beim Gaswechsel wird die Restwärme ausgestoßen (q_A). Dies geschieht bei konstantem Volumen (unendlich schnell und vollständig). Damit ist der Ausgangszustand wieder erreicht und ein neuer Arbeitszyklus beginnt.

1.3.2   Der reale Arbeitsprozess

Der reale Arbeitsprozess unterscheidet sich erheblich vom theoretischen Vergleichsprozess. Die Hauptabweichungen sind:

- Im Zylinder befindet sich nicht nur das Luft-Kraftstoff-Gemisch, sondern auch Restgas von der vorherigen Verbrennung,
- der Kraftstoff verbrennt unvollständig,
- die Verbrennung erfolgt weder exakt isochor noch isobar,
- beim Ein- und Ausströmen treten Strömungsverluste auf,
- Gas entweicht über die Kolbenringe und Wärme über die Brennraumoberflächen.

Um die beim realen Prozess geleistete Arbeit zu ermitteln, wird der Zylinderdruckverlauf gemessen und im p-V-Diagramm (Indikator-Diagramm) dargestellt (Abb. 1.7). Die obere, von der Kurve eingeschlossene Fläche entspricht der indizierten Arbeit W_M, d. h. der am Zylinderkolben je Arbeitsspiel geleisteten Arbeit. Hierzu muss bei Ladermotoren die Fläche des Gaswechsels (W_G) addiert werden, da die durch den Lader komprimierte Luft den Kolben in Richtung unterer Totpunkt drückt. Die durch den Gaswechsel verursachten Verluste werden in vielen Betriebspunkten durch den Lader überkompensiert, sodass sich ein positiver Beitrag zur geleisteten Arbeit ergibt.

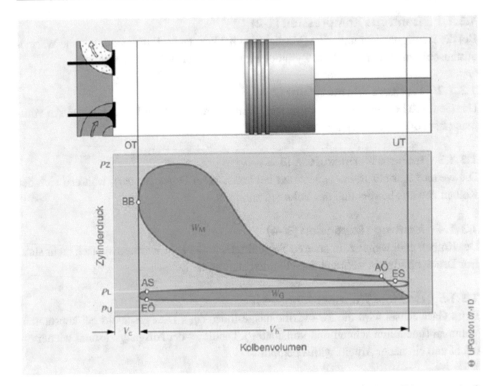

Abb. 1.7 Realer Prozess eines aufgeladenen Dieselmotors im p-V-Indikator-Diagramm (aufgenommen mit einem Drucksensor): AÖ = Auslass öffnet; AS = Auslass schließt; BB Brennbeginn; EÖ = Einlass öffnet; ES = Einlass schließt; OT = oberer Totpunkt des Kolbens; UT = unterer Totpunkt des Kolbens; p_U = Umgebungsdruck; p_L = Ladedruck; p_Z = maximaler Zylinderdruck; V_c = Kompressionsvolumen; V_h = Hubvolumen; W_M = indizierte Arbeit; W_G = Arbeit beim Gaswechsel (Lader)

Die Darstellung des Drucks über dem Kurbelwellenwinkel (Abb. 1.8) findet z. B. bei der thermodynamischen Druckverlaufsanalyse Verwendung.

1.3.3 Wirkungsgrad

Der effektive Wirkungsgrad des Dieselmotors ist definiert als:

$$\eta_e = W_e \,/ \left(m_B H_i \right)$$

- W_e ist die an der Kurbelwelle effektiv verfügbare Arbeit,
- m_B ist die Kraftstoffmasse,
- H_i ist der Heizwert des zugeführten Brennstoffs.

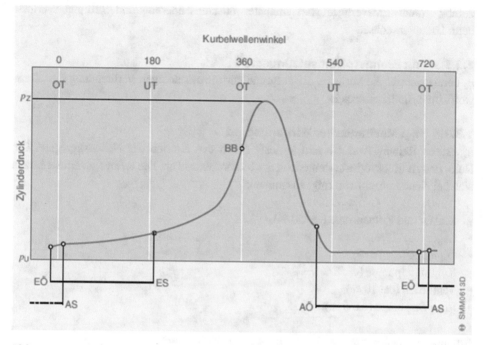

Abb. 1.8 Druckverlauf eines aufgeladenen Dieselmotors im Druck-Kurbelwellen-Diagramm (p-α-Diagramm): AÖ = Auslass öffnet; AS = Auslass schließt; BB = Brennbeginn; EÖ = Einlass öffnet; ES = Einlass schließt; OT = oberer Totpunkt des Kolbens; UT = unterer Totpunkt des Kolbens; p_U = Umgebungsdruck; p_L = Ladedruck; p_Z = maximaler Zylinderdruck

Der effektive Wirkungsgrad η_e lässt sich als Produkt aus dem thermischen Wirkungsgrad des Idealprozesses und weiteren Wirkungsgraden darstellen, die den Einflüssen des realen Prozesses Rechnung tragen:

$$\eta_e = \eta_{th}\eta_g\eta_u\eta_m = \eta_i\eta_m$$

1.3.3.1 η_{th}: Thermischer Wirkungsgrad

η_{th} ist der thermische Wirkungsgrad des Seiliger-Prozesses. Er berücksichtigt die im Idealprozess auftretenden Wärmeverluste und hängt im Wesentlichen vom Verdichtungsverhältnis und von der Luftzahl ab. Da der Dieselmotor gegenüber dem Ottomotor mit höherem Verdichtungsverhältnis und mit hohem Luftüberschuss betrieben wird, erreicht er einen höheren Wirkungsgrad.

1.3.3.2 η_g: Gütegrad

η_g gibt die im realen Hochdruck-Arbeitsprozess erzeugte Arbeit im Verhältnis zur theoretischen Arbeit des Seiliger-Prozesses an. Die Abweichungen des realen Prozesses vom idealen Prozess ergeben sich im Wesentlichen durch Verwenden eines realen statt eines idealen Arbeitsgases, reale Verbrennung statt idealisierter Wärmezufuhr, Lage der Wärmezufuhr, Wandwärmeverluste statt adiabater Zustandsänderung und Strömungsverluste beim Ladungswechsel.

1.3.3.3 η_u: Brennstoffumsetzungsgrad

η_u berücksichtigt die Verluste, die aufgrund der unvollständigen Verbrennung des Kraftstoffs im Zylinder auftreten.

1.3.3.4 η_m: Mechanischer Wirkungsgrad

η_m erfasst Reibungsverluste und Verluste durch den Antrieb der Nebenaggregate. Die Reib- und Antriebsverluste steigen mit der Motordrehzahl an. Die Reibungsverluste setzen sich bei Nenndrehzahl wie folgt zusammen:

- Kolben und Kolbenringe (ca. 50 %),
- Lager (ca. 20 %),
- Ölpumpe (ca. 10 %),
- Kühlmittelpumpe (ca. 5 %),
- Ventiltrieb (ca. 10 %),
- Einspritzpumpe (ca. 5 %).

Ein mechanischer Lader muss ebenfalls hinzugezählt werden.

1.3.3.5 η_i: Indizierter Wirkungsgrad

Der indizierte Wirkungsgrad gibt das Verhältnis der am Zylinderkolben anstehenden, „indizierten" Arbeit W_i zum Heizwert des eingesetzten Kraftstoffs an:

$$\eta_i = W_i / \left(m_B H_i \right)$$

Die effektiv an der Kurbelwelle zur Verfügung stehende Arbeit W_e ergibt sich aus der indizierten Arbeit durch Berücksichtigung der mechanischen Verluste:

$$W_e = W_i \eta_m .$$

1.4   Betriebszustände

1.4.1   Start

Das Starten eines Motors umfasst die Vorgänge Hochschleppen mit dem Anlasser, Zünden und Hochlaufen bis zum Selbstlauf.

Die im Verdichtungshub erhitzte Luft muss den eingespritzten Kraftstoff zünden (beim Brennbeginn). Die erforderliche Mindestzündtemperatur für Dieselkraftstoff beträgt ca. 250 °C. Diese Temperatur muss auch unter ungünstigen Bedingungen erreicht werden.

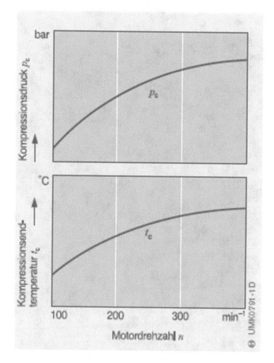

Abb. 1.9 Kompressionsenddruck und -endtemperatur in Abhängigkeit von der Motordrehzahl: T_a = Außentemperatur; T_Z = Zündtemperatur des Dieselkraftstoffs; α_T = thermodynamischer Verlustwinkel; $n \approx 200\ min^{-1}$

Niedrige Drehzahl, tiefe Außentemperaturen und ein kalter Motor führen zu verhältnismäßig niedriger Kompressionsendtemperatur, denn:

Je niedriger die Motordrehzahl, umso geringer ist der Enddruck der Kompression und dementsprechend auch die Endtemperatur (Abb. 1.9). Die Ursache dafür sind Leckageverluste, die an den Kolbenringspalten zwischen Kolben und Zylinderwand auftreten, wegen anfänglich noch fehlender Wärmedehnung sowie des noch nicht ausgebildeten Ölfilms. Das Maximum der Kompressionstemperatur liegt wegen der Wärmeverluste während der Verdichtung um einige Grad vor (thermodynamischer Verlustwinkel, Abb. 1.10) OT. Bei kaltem Motor ergeben sich während des Verdichtungstakts größere Wärmeverluste über die Brennraumoberfläche. Bei Kammermotoren (IDI) sind diese Verluste wegen der größeren Oberfläche besonders hoch. Die Triebwerkreibung ist, aufgrund der höheren Motorölviskosität, bei niederen

Temperaturen höher als bei Betriebstemperatur. Dadurch und auch wegen niedriger Batteriespannung werden nur relativ kleine Starterdrehzahlen erreicht.

Um während der Startphase die Temperatur im Zylinder zu erhöhen, werden folgende Maßnahmen ergriffen:

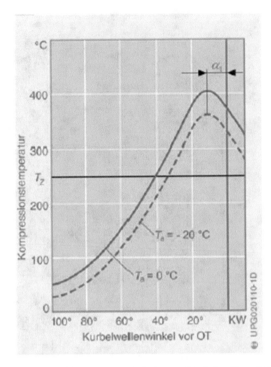

Abb. 1.10 Kompressionstemperatur in Abhängigkeit vom Kurbelwellenwinkel

1.4.1.1 Kraftstoffaufheizung

Mit einer Filter- oder direkten Kraftstoffaufheizung kann das Ausscheiden von Paraffin-kristallen bei niedrigen Temperaturen (in der Startphase und bei niedrigen Außen-temperaturen) vermieden werden.

1.4.1.2 Starthilfesysteme

Bei Direkteinspritzmotoren (DI) für Pkw und generell bei Kammermotoren (IDI) wird in der Startphase das Luft-Kraftstoff-Gemisch im Brennraum (bzw. in der Vor- oder Wirbel-kammer) durch Glühstiftkerzen erwärmt. Bei Direkteinspritzmotoren für Nfz wird die Ansaugluft vorgewärmt. Beide Starthilfesysteme dienen der Verbesserung der Kraftstoff-verdampfung und Gemischaufbereitung und somit dem sicheren Entflammen des Luft-Kraftstoff-Gemischs.

Glühkerzen neuerer Generation benötigen nur eine Vorglühdauer von wenigen Sekun-den und ermöglichen so einen schnellen Start. Die niedrigere Nachglühtemperatur erlaubt zudem längere Nachglühzeiten. Dies reduziert sowohl die Schadstoff- als auch die Ge-räuschemissionen in der Warmlaufphase des Motors.

1.4.1.3 Einspritzanpassung

Eine Maßnahme zur Startunterstützung ist die Zugabe einer Kraftstoff-Startmehrmenge zur Kompensation von Kondensations- und Leckverlusten des kalten Motors und zur Erhöhung des Motordrehmoments in der Hochlaufphase. Die Frühverstellung des Einspritzbeginns während der Warmlaufphase dient zum Ausgleich des längeren Zündverzugs bei niedrigen Temperaturen und zur Sicherstellung der Zündung im Bereich des oberen Totpunkts, d. h. bei höchster Verdichtungsendtemperatur. Der optimale Spritzbeginn muss mit enger Toleranz erreicht werden. Zu früh eingespritzter Kraftstoff hat aufgrund des noch zu geringen Zylinderinnendrucks (Kompressionsdrucks) eine größere Eindringtiefe und schlägt sich an den kalten Zylinderwänden nieder. Dort verdampft er nur zum geringen Teil, da zu diesem Zeitpunkt die Ladungstemperatur noch niedrig ist. Bei zu spät eingespritztem Kraftstoff erfolgt die Zündung erst im Expansionshub und der Kolben wird nur noch wenig beschleunigt oder es kommt zu Verbrennungsaussetzern.

1.4.2 Nulllast

Nulllast bezeichnet alle Betriebszustände des Motors, bei denen der Motor nur seine innere Reibung und den Drehmomentbedarf ggf. zugeschalteter Nebenaggregate überwindet. Er gibt kein Drehmoment ab. Die Fahrpedalstellung kann beliebig sein. Alle Drehzahlbereiche bis hin zur Abregeldrehzahl sind möglich.

1.4.3 Leerlauf

Leerlauf bezeichnet die unterste Drehzahl bei Nulllast. Das Fahrpedal ist dabei nicht betätigt. Der Motor gibt kein Drehmoment ab, er überwindet nur die innere Reibung und den Drehmomentbedarf für ggf. zugeschaltete Nebenaggregate. In einigen Quellen wird der gesamte Nulllastbereich als Leerlauf bezeichnet. Die oberste Drehzahl mit Nulllast (Abregeldrehzahl) wird dann obere Leerlaufdrehzahl genannt.

1.4.4 Volllast

Bei Volllast ist das Fahrpedal ganz durchgetreten oder die Volllastmengenbegrenzung wird betriebspunktabhängig von der Motorsteuerung geregelt. Die maximal mögliche Kraftstoffmenge wird eingespritzt und der Motor gibt stationär sein maximal mögliches Drehmoment ab. Instationär (ladedruckbegrenzt) gibt der Motor das mit der zur Verfügung stehenden Luft maximal mögliche (niedrigere) Volllast-Drehmoment ab. Alle Drehzahlbereiche von der Leerlaufdrehzahl bis zur Nenndrehzahl sind möglich.

1.4.5 Teillast

Teillast umfasst alle Bereiche zwischen Nulllast und Volllast. Der Motor gibt ein Drehmoment zwischen null und dem maximal möglichen Drehmoment ab.

1.4.5.1 Unterer Teillastbereich

In diesem Betriebsbereich sind die Verbrauchswerte im Vergleich zum Ottomotor besonders günstig. Das früher beanstandete „Nageln" – besonders bei kaltem Motor – tritt bei Dieselmotoren mit Voreinspritzung praktisch nicht mehr auf. Die Kompressions-Endtemperatur wird bei niedriger Drehzahl und kleiner Last geringer. Im Vergleich zur Volllast ist der Brennraum relativ kalt (auch bei betriebswarmem Motor), da die Energiezufuhr und damit die Temperaturen gering sind. Nach einem Kaltstart erfolgt die Aufheizung des Brennraums bei unterer Teillast nur langsam. Dies trifft insbesondere für Vor- und Wirbelkammermotoren zu, weil bei diesen die Wärmeverluste aufgrund der großen Oberfläche besonders hoch sind. Bei kleiner Last und bei der Voreinspritzung werden nur wenige mm^3 Kraftstoff pro Einspritzung zugemessen. In diesem Fall werden besonders hohe Anforderungen an die Genauigkeit von Einspritzbeginn und Einspritzmenge gestellt. Ähnlich wie beim Start entsteht die benötigte Verbrennungstemperatur auch bei Leerlaufdrehzahl nur in einem kleinen Kolbenhubbereich bei OT. Der Spritzbeginn ist hierauf sehr genau abgestimmt.

Während der Zündverzugsphase (zwischen Einspritzbeginn und Zündbeginn) darf nur wenig Kraftstoff eingespritzt werden, da zum Zündzeitpunkt die im Brennraum vorhandene Kraftstoffmenge über den plötzlichen Druckanstieg im Zylinder entscheidet. Je höher dieser ist, umso lauter wird das Verbrennungsgeräusch. Eine Voreinspritzung von ca. 1 mm^3 (für Pkw) macht den Zündverzug der Haupteinspritzung fast zu null und verringert damit wesentlich das Verbrennungsgeräusch.

1.4.6 Schubbetrieb

Im Schubbetrieb wir der Motor von außen über den Antriebsstrang angetrieben (z. B. bei Bergabfahrt). Es wird kein Kraftstoff eingespritzt (Schubabschaltung).

1.4.7 Stationärer Betrieb

Das vom Motor abgegebene Drehmoment entspricht dem über die Fahrpedalstellung angeforderten Drehmoment. Die Drehzahl bleibt konstant.

1.4.8   Instationärer Betrieb

Das vom Motor abgegebene Drehmoment entspricht nicht dem geforderten Drehmoment oder die Drehzahl verändert sich.

1.4.9   Übergang zwischen den Betriebszuständen

Ändert sich die Last, die Motordrehzahl oder die Fahrpedalstellung, verändert der Motor seinen Betriebszustand (z. B. Motordrehzahl, Drehmoment).

Das Verhalten eines Motors kann mit Kennfeldern beschrieben werden. Das Kennfeld in Abb. 1.11 zeigt an einem Beispiel, wie sich die Motordrehzahl ändert, wenn ohne Schaltvorgang die Fahrpedalstellung von 40 % auf 70 % verändert wird. Ausgehend vom Betriebspunkt A wird in diesem Beispiel über die Volllast (B–C) der neue Teillast-Betriebspunkt D erreicht. Dort sind der angeforderte, gestiegene Leistungsbedarf und die vom Motor abgegebene, ebenfalls gestiegene Leistung gleich. Die Drehzahl erhöht sich dabei von n_A auf n_D. Abhängig von Ausgangs- und Zielpunkt im Kennfeld (Gangstufe und Motordrehzahlen) kann der neue Betriebspunkt ggf. auch ohne Nutzung der Volllast erreicht werden.

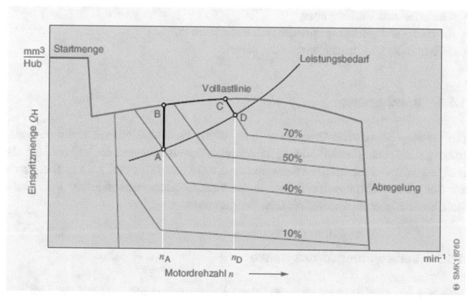

Abb. 1.11 Einspritzmenge in Abhängigkeit von der Drehzahl und der Fahrpedalstellung (Beispiel). Die Bedeutungen der Buchstaben A–D werden im Text erklärt

1.5   Betriebsbedingungen

Der Kraftstoff wird beim Dieselmotor direkt in die hoch verdichtete, heiße Füllung eingespritzt, an der er sich selbst entzündet. Der Dieselmotor ist daher und wegen des heterogenen Luft-Kraftstoff-Gemischs – im Gegensatz zum Ottomotor – nicht an globale Zündgrenzen (d. h. bestimmte Luftzahlen λ) gebunden. Deshalb wird die Motorleistung bei konstanter Luftmenge im Motorzylinder nur über die Kraftstoffmenge geregelt. Das Einspritzsystem muss die Dosierung des Kraftstoffs und die gleichmäßige Verteilung in der ganzen Ladung übernehmen – und dies bei allen Drehzahlen und Lasten sowie abhängig von Druck und Temperatur der Ansaugluft.

Jeder Betriebspunkt benötigt somit den Kraftstoff …

- in der richtigen Menge,
- zur richtigen Zeit,
- mit dem richtigen Druck,
- im richtigen zeitlichen Verlauf und an der richtigen Stelle des Brennraums.

Bei der Kraftstoffdosierung müssen zusätzlich zu den Forderungen für die optimale Gemischbildung auch Betriebsgrenzen berücksichtigt werden wie zum Beispiel:

- Schadstoffgrenzen (z. B. Rauchgrenze),
- Verbrennungsspitzendruckgrenze,
- Abgastemperaturgrenze,
- Drehzahl- und Volllastgrenze,
- fahrzeug- und gehäusespezifische Belastungsgrenzen,
- Höhen- oder Ladedruckgrenzen oder beides.

1.5.1   Rauchgrenze

Der Gesetzgeber schreibt Grenzwerte u. a. für die Partikelemissionen und die Abgastrübung vor. Da die Gemischbildung zum großen Teil erst während der Verbrennung abläuft, kommt es zu lokal starken Schwankungen von λ und damit auch bei Luftüberschuss zur Emission von Rußpartikeln. Das an der Volllast-Rauchgrenze fahrbare Luft-Kraftstoff-Verhältnis ist ein Maß für die Güte der Luftausnutzung.

1.5.2   Verbrennungsdruckgrenze

Während des Zündvorgangs verbrennt der teilweise verdampfte und mit der Luft vermischte Kraftstoff bei hoher Verdichtung mit hoher Geschwindigkeit und einer hohen ersten Wärmefreisetzungsspitze. Man spricht daher von einer „harten" Verbrennung. Dabei entstehen hohe Verbrennungsspitzendrücke, und die auftretenden Kräfte bewirken periodisch wechselnde Belastungen der Motorbauteile. Dimensionierung und Dauerhaltbarkeit der Motor- und Antriebsstrangkomponenten begrenzen somit den zulässigen Verbrennungsdruck und damit die Einspritzmenge. Dem schlagartigen Anstieg des Verbrennungsdrucks wird meist durch Voreinspritzung entgegengewirkt.

1.5.3 Abgastemperaturgrenze

Eine hohe thermische Beanspruchung der den heißen Brennraum umgebenden Motorbauteile, die Warmfestigkeit der Auslassventile sowie der Abgasanlage, des Zylinderkopfs und insbesondere des Turboladers bestimmen die Abgastemperaturgrenze eines Dieselmotors.

1.5.4 Drehzahlgrenzen

Wegen des vorhandenen Luftüberschusses beim Dieselmotor hängt die Leistung bei konstanter Drehzahl im Wesentlichen von der Einspritzmenge ab. Wird dem Dieselmotor Kraftstoff zugeführt, ohne dass ein entsprechendes Drehmoment abgenommen wird, steigt die Motordrehzahl. Wird die Kraftstoffzufuhr vor dem Überschreiten einer kritischen Motordrehzahl nicht reduziert, „geht der Motor durch", d. h., er kann sich selbst zerstören. Eine Drehzahlbegrenzung bzw. -regelung ist deshalb beim Dieselmotor zwingend erforderlich.

Beim Dieselmotor als Antrieb von Straßenfahrzeugen muss die Drehzahl über das Fahrpedal vom Fahrer frei wählbar sein. Bei Belastung des Motors oder Loslassen des Fahrpedals darf die Motordrehzahl nicht unter die Leerlaufgrenze bis zum Stillstand abfallen. Dazu wird ein Leerlauf- und Enddrehzahlregler eingesetzt. Der dazwischenliegende Drehzahlbereich wird über die Fahrpedalstellung geregelt. Vom Dieselmotor als Maschinenantrieb erwartet man, dass auch unabhängig von der Last eine bestimmte Drehzahl konstant gehalten wird bzw. in zulässigen Grenzen bleibt. Dazu werden Alldrehzahlregler eingesetzt, die über den gesamten Drehzahlbereich regeln.

1.5.5 Höhen- und Ladedruckgrenzen

Die Auslegung der Einspritzmengen erfolgt sowohl für Meereshöhe (NN) als auch für größere Höhen über NN. Ein Turbolader kann den Füllungsverlust im Zylinder aufgrund des sinkenden Luftdrucks bei Betrieb des Motors in der Höhe teilweise ausgleichen. Wird der Motor aber in großen Höhen betrieben, muss die Kraftstoffmenge entsprechend dem Abfall des Luftdrucks und folglich der Zylinderfüllung angepasst werden, um die Rauchgrenze

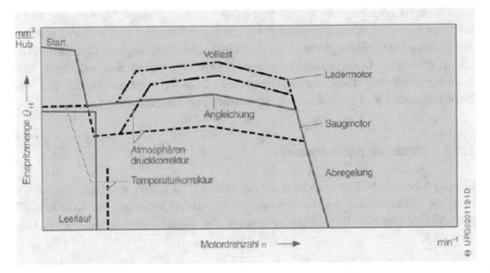

Abb. 1.12 Kraftstoff-Einspritzmenge in Abhängigkeit von Drehzahl und Last (blau unkorrigiert); Temperaturkorrektur im Leerlauf bei kalten Temperaturen; Atmosphärendruckkorrektur in großen Höhen. (Beim Ladermotor: wenn der Lader den Abfall des Luftdrucks nicht mehr kompensieren kann.)

einzuhalten. Als Richtwert gilt nach der barometrischen Höhenformel eine Luftdichteverringerung von 7 % pro 1000 m Höhe. Bei aufgeladenen Motoren ist die Zylinderfüllung im dynamischen Betrieb oft geringer als im stationären Betrieb. Da die maximale Einspritzmenge auf den stationären Betrieb ausgelegt ist, muss sie im dynamischen Betrieb entsprechend der geringeren Luftmenge reduziert werden (ladedruckbegrenzte Volllast).

Für den Betriebsbereich eines Motors lässt sich ein Kennfeld festlegen. Dieses Kennfeld (Abb. 1.12) zeigt die Kraftstoffmenge in Abhängigkeit von Drehzahl und Last sowie beispielhaft Temperatur- und Luftdruckkorrekturen.

1.6   Einspritzsystem

Der Kraftstoff wird von der Vorförderpumpe über ein Vorfilter aus dem Tank angesaugt und durch den Kraftstofffilter zur Hochdruckpumpe gefördert. Diese erzeugt den für die Einspritzung erforderlichen Kraftstoffdruck. Der Kraftstoff gelangt bei den meisten Systemen über Hochdruckleitungen und einen gemeinsamen Speicher (Common Rail) zum Injektor bzw. zur Einspritzdüse und wird mit einem Druck von 300 … 2700 bar in den Brennraum eingespritzt.

Die vom Motor abgegebene Leistung, aber auch das Verbrennungsgeräusch und die Zusammensetzung des Abgases werden wesentlich durch die eingespritzte Kraftstoffmasse, den Einspritzdruck, den Einspritzzeitpunkt und den Einspritz- bzw. Verbrennungsverlauf beeinflusst.

Bis in die 1980er-Jahre wurde die Einspritzung, d. h. die Einspritzmenge und der Einspritzbeginn, bei Fahrzeugmotoren ausschließlich mechanisch geregelt. Dabei wird die Einspritzmenge über eine Steuerkante am Kolben oder über Schieber je nach Last und Drehzahl variiert. Der Spritzbeginn wird bei mechanischer Regelung über Fliehgewichtsregler oder hydraulisch über Drucksteuerung verstellt. Seit 1986 werden Diesel-Einspritzsysteme zunehmend mit digitalen, elektronischen Regelungen ausgestattet (elektronische Kraftstoff-Mengenregler für Verteilerpumpen und ab 1987 auch von Reihenpumpen). Mit der Umstellung auf die modernen Direkteinspritzsysteme (Unit-Injector- und Unit-Pump-System, Common-Rail-System) ab 1994 liegen sämtliche regelungstechnische Funktionen im elektronischen Steuergerät (Electronic Diesel Control, EDC). Diese Elektronische Dieselregelung berücksichtigt bei der Berechnung der Einspritzung verschiedene Größen wie Motordrehzahl, Last, Temperatur, geografische Höhe usw. Die Regelung von Einspritzbeginn und -menge erfolgt über Magnetventile oder Piezoaktoren in den Injektoren und ist wesentlich präziser als die mechanische Regelung.

1.7   Brennräume

Die Form des Brennraums ist mit entscheidend für die Güte der Verbrennung und somit für die Leistung und das Abgasverhalten des Dieselmotors. Die Brennraumform kann bei geeigneter Gestaltung mithilfe der Kolbenbewegung Drallströmungen unterstützen bzw. Quetsch- und Turbulenzströmungen erzeugen, die zur Verteilung des flüssigen Kraftstoffs oder des Luft-Kraftstoffdampf-Strahls im Brennraum genutzt werden.

Folgende Verfahren kommen zur Anwendung:

- ungeteilter Brennraum (Direct Injection Engine, DI, Direkteinspritzmotoren),
- geteilter Brennraum (Indirect Injection Engine, IDI, Kammermotoren).

Aufgrund gestiegener Leistungs-, Verbrauchs- und Emissionsanforderungen wurde die Entwicklung von Kammermotoren in den 1990er-Jahren eingestellt. Das härtere Verbrennungsgeräusch der DI-Motoren (vor allem bei der Beschleunigung) kann mit einer Voreinspritzung auf das niedrigere Geräuschniveau von Kammermotoren gebracht werden. DI-Motoren haben gegenüber IDI-Motoren einen signifikanten Kraftstoffverbrauchsvorteil (bis zu 20 %).

1.7.1   Ungeteilter Brennraum (Direkteinspritzverfahren)

Direkteinspritzmotoren (Abb. 1.13) haben einen höheren Wirkungsgrad und arbeiten wirtschaftlicher als Kammermotoren. Beim Direkteinspritzverfahren wird der Kraftstoff direkt in den im Kolben eingearbeiteten Brennraum (Kolbenmulde, 2) eingespritzt. Die Kraftstoffzerstäubung, -erwärmung, -verdampfung und die Vermischung mit der Luft

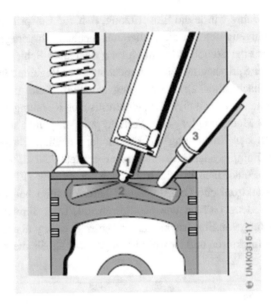

Abb. 1.13 Direkteinspritzverfahren: 1 = Mehrlochdüse; 2 = ω-Kolbenmulde; 3 = Glühstiftkerze

müssen daher in einer kurzen zeitlichen Abfolge stehen. Dabei werden an die Kraftstoff-
und Luftzuführung hohe Anforderungen gestellt. Während des Ansaug- und Verdichtungstakts wird durch die besondere Form des Ansaugkanals im Zylinderkopf ein Luftwirbel im
Zylinder erzeugt. Auch die Gestaltung des Brennraums trägt zur Luftbewegung am Ende
des Verdichtungshubs (d. h. zu Beginn der Einspritzung) bei. Von den im Lauf der Entwicklung des Dieselmotors angewandten Brennraumformen findet gegenwärtig die ω-
Kolbenmulde die breiteste Verwendung.

Neben einer guten Luftverwirbelung muss auch der Kraftstoff räumlich gleichmäßig
verteilt zugeführt werden, um eine schnelle Vermischung zu erzielen. Beim Direkteinspritzverfahren kommt eine Mehrlochdüse zur Anwendung, deren Strahllage in Ab-
stimmung mit der Brennraumauslegung optimiert ist. Der Einspritzdruck beim Direkteinspritzverfahren ist sehr hoch (bis zu 2700 bar). In der Praxis gibt es bei der Direkteinspritzung
zwei Methoden:

- Unterstützung der Gemischaufbereitung durch gezielte Luftbewegung,
- Beeinflussung der Gemischaufbereitung nahezu ausschließlich durch die Kraftstoffeinspritzung unter weitgehendem Verzicht auf eine Luftbewegung.

Im zweiten Fall ist keine Arbeit für die Luftverwirbelung aufzuwenden, was sich in geringerem Gaswechselverlust und besserer Füllung bemerkbar macht. Gleichzeitig aber bestehen erheblich höhere Anforderungen an die Einspritzausrüstung bezüglich Lage der
Einspritzdüse, Anzahl der Düsenlöcher, Feinheit der Zerstäubung (abhängig vom Spritzlochdurchmesser), Einspritzmuster und Höhe des Einspritzdrucks, um die erforderliche
kurze Einspritzdauer und eine gute Gemischbildung zu erreichen.

1.7.2 Geteilter Brennraum (indirekte Einspritzung)

Dieselmotoren mit geteiltem Brennraum (Kammermotoren) hatten lange Zeit Vorteile bei den Geräusch- und Schadstoffemissionen gegenüber den Motoren mit Direkteinspritzung. Sie wurden deshalb bei Pkw und leichten Nfz eingesetzt. Heute arbeiten Direkteinspritzmotoren jedoch durch den hohen Einspritzdruck, die Elektronische Dieselregelung und die Voreinspritzung sparsamer als Kammermotoren und mit vergleichbaren Geräuschemissionen. Deshalb kommen Kammermotoren bei Fahrzeugneuentwicklungen nicht mehr zum Einsatz.

Man unterscheidet zwei Verfahren mit geteiltem Brennraum:

- Vorkammerverfahren und
- Wirbelkammerverfahren.

1.7.2.1 Vorkammerverfahren

Beim Vorkammerverfahren wird der Kraftstoff in eine heiße, im Zylinderkopf angebrachte Vorkammer eingespritzt (Abb. 1.14, Pos. 2). Die Einspritzung erfolgt dabei mit einer Zapfendüse (1) unter relativ niedrigem Druck (bis 450 bar). Eine speziell gestaltete Prallfläche (3) in der Kammermitte zerteilt den auftreffenden Strahl und vermischt ihn intensiv mit der Luft.

Die in der Vorkammer einsetzende Verbrennung treibt das teilverbrannte Luft-Kraftstoff-Gemisch durch den Strahlkanal (4) in den Hauptbrennraum. Hier findet während der weiteren Verbrennung eine intensive Vermischung mit der vorhandenen Luft statt. Das Volumenverhältnis zwischen Vorkammer und Hauptbrennraum beträgt etwa 1:2. Der

Abb. 1.14 Vorkammerverfahren: 1 = Einspritzdüse; 2 = Vorkammer, 3 = Prallfläche; 4 = Strahlkanal; 5 = Glühstiftkerze

kurze Zündverzug (Zeit von Einspritzbeginn bis Zündbeginn) und die abgestufte Energie-freisetzung führen zu einer weichen Verbrennung mit niedriger Geräuschentwicklung und Motorbelastung.

Eine geänderte Vorkammerform mit Verdampfungsmulde sowie eine geänderte Form und Lage der Prallfläche (Kugelstift) geben der Luft, die beim Komprimieren aus dem Zylinder in die Vorkammer strömt, einen vorgegebenen Drall. Der Kraftstoff wird unter einem Winkel von 5 Grad zur Vorkammerachse eingespritzt. Um den Verbrennungsablauf nicht zu stören, sitzt die Glühstiftkerze (5) im „Abwind" des Luftstroms. Ein gesteuertes Nachglühen bis zu 1 Minute nach dem Kaltstart (abhängig von der Kühlwassertemperatur) trägt zur Abgasverbesserung und Geräuschminderung in der Warmlaufphase bei.

1.7.2.2 Wirbelkammerverfahren

Bei diesem Verfahren wird die Verbrennung ebenfalls in einem Nebenraum (Wirbel-kammer) eingeleitet, der ca. 60 % des Kompressionsvolumens umfasst. Die kugel- oder scheibenförmige Wirbelkammer ist über einen tangential einmündenden Schusskanal mit dem Zylinderraum verbunden (Abb. 1.15, Pos. 2). Während des Verdichtungstakts wird die über den Schusskanal eintretende Luft in eine Wirbelbewegung versetzt. Der Kraft-stoff wird so eingespritzt, dass er den Wirbel senkrecht zu seiner Achse durchdringt und auf der gegenüberliegenden Kammerseite in einer heißen Wandzone auftrifft.

Mit Beginn der Verbrennung wird das Luft-Kraftstoff-Gemisch durch den Schusskanal in den Zylinderraum gedrückt und mit der dort noch vorhandenen restlichen Verbrennungs-luft stark verwirbelt. Beim Wirbelkammerverfahren sind die Strömungsverluste zwischen dem Hauptbrennraum und der Nebenkammer geringer als beim Vorkammerverfahren, da

Abb. 1.15 Wirbelkammerverfahren: 1 = Einspritzdüse, 2 = tangentialer Schusskanal; 3 = Glühstiftkerze

der Überströmquerschnitt größer ist. Dies führt zu geringeren Drosselverlusten mit entsprechendem Vorteil für den inneren Wirkungsgrad und den Kraftstoffverbrauch. Das Verbrennungsgeräusch ist jedoch lauter als beim Vorkammerverfahren.

Es ist wichtig, dass die Gemischbildung möglichst vollständig in der Wirbelkammer erfolgt. Die Gestaltung der Wirbelkammer, die Anordnung und Gestalt des Düsenstrahls und auch die Lage der Glühkerze müssen sorgfältig auf den Motor abgestimmt sein, um bei allen Drehzahlen und Lastzuständen eine gute Gemischaufbereitung zu erzielen. Eine weitere Forderung ist das schnelle Aufheizen der Wirbelkammer nach dem Kaltstart. Damit reduziert sich der Zündverzug, zudem entsteht ein geringeres Verbrennungsgeräusch und beim Warmlauf keine unverbrannten Kohlenwasserstoffe (Blaurauch) im Abgas.

1.8   Einsatzgebiete des Dieselmotors

Kein anderer Verbrennungsmotor wird so vielfältig eingesetzt wie der Dieselmotor. Dies ist vor allem auf seinen hohen Wirkungsgrad und die damit verbundene Wirtschaftlichkeit zurückzuführen.

Die wesentlichen Einsatzgebiete für Dieselmotoren sind:

- Stationärmotoren,
- Pkw und leichte Nfz,
- schwere Nfz,
- Bau- und Landmaschinen,
- Lokomotiven,
- Schiffe.

Dieselmotoren werden als Reihenmotoren und V-Motoren gebaut. Sie eignen sich grundsätzlich sehr gut für die Aufladung, da bei ihnen im Gegensatz zum Ottomotor kein Klopfen auftritt.

1.8.1   Eigenschaftskriterien

Für den Einsatz eines Dieselmotors sind beispielsweise folgende Merkmale und Eigenschaften von Bedeutung:

- Motorleistung,
- spezifische Leistung,
- Betriebssicherheit,
- Herstellungskosten,
- Wirtschaftlichkeit im Betrieb,
- Zuverlässigkeit,
- Umweltverträglichkeit,
- Komfort.

Je nach Anwendungsbereich ergeben sich für die Auslegung des Dieselmotors unterschiedliche Schwerpunkte.

1.8.2   Anwendungen

1.8.2.1   Stationärmotoren

Stationärmotoren (z. B. für Stromerzeuger) werden oft mit einer festen Drehzahl betrieben. Motor und Einspritzsystem können somit optimal auf diese Drehzahl abgestimmt werden. Ein Drehzahlregler verändert die Einspritzmenge entsprechend der geforderten Last. Auch Pkw- und Nfz-Motoren können als Stationärmotoren eingesetzt werden. Die Regelung des Motors muss jedoch ggf. den veränderten Bedingungen angepasst sein.

1.8.2.2   Pkw und leichte Nfz

Besonders von Pkw-Motoren wird ein hohes Maß an Durchzugskraft und Laufruhe erwartet. Auf diesem Gebiet wurden durch weiterentwickelte Motoren und neue Einspritzsysteme mit elektronischer Regelung große Fortschritte erzielt. Das Leistungs- und Drehmomentverhalten konnte auf diese Weise seit Beginn der 1990er-Jahre wesentlich verbessert werden. Verbunden mit dem – gegenüber Ottomotoren – deutlich geringeren Kraftstoffverbrauch hat sich der Dieselmotor in allen Fahrzeugbereichen etabliert. In Pkw werden Schnellläufer mit Drehzahlen bis etwa 5000 min^{-1} eingesetzt.

Neue Pkw-Dieselmotoren werden in Europa nur noch mit Direkteinspritzung (DI, Direct Injection Engine) entwickelt. Diese heute fast ausschließlich mit einem Abgasturbolader ausgerüsteten Motoren bieten deutlich höhere Drehmomente als vergleichbare Ottomotoren. Das im Fahrzeug maximal mögliche Drehmoment wird meist von den zur Verfügung stehenden Getrieben und nicht vom Motor bestimmt.

1.8.2.3   Schwere Nfz

Motoren für schwere Nfz müssen vor allem wirtschaftlich sein. Deshalb sind in diesem Anwendungsbereich nur Dieselmotoren mit Direkteinspritzung (DI) zu finden. Der Drehzahlbereich reicht bis ca. 2500 min^{-1}.

1.8.2.4   Bau- und Landmaschinen

Im Bereich der Bau- und Landmaschinen hat der Dieselmotor seinen klassischen Einsatzbereich. Bei der Auslegung dieser Motoren wird außer auf die Wirtschaftlichkeit besonders hoher Wert auf Robustheit, Zuverlässigkeit und Servicefreundlichkeit gelegt. Die maximale Leistungsausbeute und die Geräuschoptimierung haben einen geringeren Stellenwert als zum Beispiel bei Pkw-Motoren. Bei dieser Anwendung werden Motoren mit Leistungen ab ca. 3 kW bis hin zu Leistungen oberhalb derer von schweren Lkw eingesetzt. Im Gegensatz zu allen anderen Einsatzbereichen, in denen vorwiegend wassergekühlte Motoren verwendet werden, hat bei den Bau- und Landmaschinen die robuste und einfach realisierbare Luftkühlung noch große Bedeutung.

1.8.2.5 Lokomotiven

Lokomotivmotoren sind, ähnlich wie größere Schiffsdieselmotoren, besonders auf Dauerbetrieb ausgelegt. Außerdem müssen sie gegebenenfalls auch mit schlechteren Dieselkraftstoff-Qualitäten zurechtkommen. Ihre Baugröße umfasst den Bereich großer Nfz-Motoren bis zu mittleren Schiffsmotoren.

1.8.2.6 Schiffe

Die Anforderungen an Schiffsmotoren sind je nach Einsatzbereich sehr unterschiedlich. Es gibt ausgesprochene Hochleistungsmotoren für z. B. Marine- oder Sportboote. Für diese Anwendung werden Viertakt-Mittelschnellläufer mit einem Drehzahlbereich zwischen 400 … 1500 min^{-1} und bis zu 24 Zylindern eingesetzt. Andererseits finden auf äußerste Wirtschaftlichkeit im Dauerbetrieb ausgelegte Zweitakt-Großmotoren Verwendung. Mit diesen Langsamläufern ($n < 300$ min^{-1}) werden auch die höchsten mit Kolbenmotoren erreichbaren effektiven Wirkungsgrade von bis zu 55 % erreicht.

Großmotoren werden oft mit preiswertem Schweröl betrieben. Dazu ist eine aufwendige Kraftstoffaufbereitung an Bord erforderlich. Der Kraftstoff muss je nach Qualität auf bis zu 160 °C aufgeheizt werden. Erst dadurch wird seine Viskosität auf einen Wert gesenkt, der ein Filtern und Pumpen ermöglicht.

Für kleinere Schiffe werden oft Motoren aus dem Nutzfahrzeugbereich eingesetzt. Damit steht ein wirtschaftlicher Antrieb mit niedrigen Entwicklungskosten zur Verfügung. Auch bei diesen Anwendungen muss die Regelung an das veränderte Einsatzprofil angepasst sein.

1.8.2.7 Mehr- oder Vielstoffmotoren

Für Sonderanwendungen (z. B. Einsatz in Gebieten mit sehr schlechter Infrastruktur und Militäranwendungen) wurden Dieselmotoren mit der Eignung für wechselweisen Betrieb mit Diesel-, Otto- und ähnlichen Kraftstoffen entwickelt. Die Anwendung von Vielstoffmotoren ist heute praktisch auf Militärfahrzeuge beschränkt. Dual-Fuel-Motoren, die wahlweise nur mit Diesel oder hauptsächlich mit (Methan-)Gas und Diesel nur als Zündquelle gefahren werden können, haben eine größere Bedeutung in Südamerika. Hier gibt es zum einen günstigen gasförmigen Kraftstoff und zum anderen eine sehr gute Infrastruktur für diesen Typ von Kraftstoff.

1.8.3 Motorkenndaten

Tab. 1.1 zeigt die wichtigsten Vergleichsdaten verschiedener Diesel- und Ottomotoren. Die Entwicklung von IDI-Dieselmotoren wurde in den 1990er-Jahren eingestellt. Bei Ottomotoren mit Benzin-Direkteinspritzung (BDE) liegt der Mitteldruck um ca. 10 % höher als bei den in der Tabelle angegebenen Motoren mit Saugrohreinspritzung. Der spezifische Kraftstoffverbrauch ist dabei um bis zu 25 % geringer. Das Verdichtungsverhältnis bei diesen Motoren geht bis $\varepsilon = 13$.

Tab. 1.1 Vergleichsdaten Dieselmotoren

Einspritzsystem	Nenndrehzahl n_{Nenn} [min⁻¹]	Verdichtungsverhältnis ε	Mitteldruck p_e [bar]	spezifische Leistung $p_{e,\,spez.}$ [kW/l]	Leistungsgewicht $m_{spez.}$ [kg/kW]	spez. Kraftstoffverbrauch[1] b_e [g/kWh]
Dieselmotoren						
IDI[2] Pkw Saugmotoren	3500 … 5000	20 … 24	7 … 9	20 … 35	5 … 3	320 … 240
IDI[2] Pkw mit Aufladung	3500 … 4500	20 … 24	9 … 12	30 … 45	4 … 2	290 … 240
DI[3] Pkw mit Aufladung u. LLK[4]	3600 … 4400	14 … 18	17 … 32	30 … 98	4 … 1	210 … 195
DI[3] Lkw mit Aufladung u. LLK[4]	1800 … 2300	16 … 18	15 … 28	25 … 35	5 … 2	210 … 180
Bau- und Landmaschinen	1000 … 3600	16 … 20	7 … 28	6 … 37	10 … 1	250 … 190
Lokomotiven	750 … 1000	12 … 15	17 … 23	20 … 23	10 … 5	190 … 170
Schiffe (Viertakt)	400 … 1500	13 … 17	18 … 26	10 … 26	16 … 13	180 … 160
Schiffe (Zweitakt)	50 … 250	6 … 8	14 … 18	3 … 8	32 … 16	170 … 150
Ottomotoren						
Pkw Saugmotoren	4500 … 7500	10 … 11	12 … 15	50 … 75	2 … 1	350 … 250
Pkw mit Aufladung	5000 … 7000	7 … 9	11 … 15	85 … 105	2 … 1	380 … 250

[1] Bestverbrauch; [2] IDI Indirect Injection (Kammermotoren); [3] DI Direct Injection (Direkteinspritzung); [4] Ladeluftkühlung

Gemischbildung, Einspritzung und Einspritzsysteme

Sebastian Fischer, Werner Pape, Christoph Kendlbacher,
Matthias Hickl, Thomas Becker, Christian Seibel,
Martin Bernhaupt und Ulrich Projahn

2.1 Gemischbildung und Dieseleinspritzung

2.1.1 Gemischbildung

Beim Dieselverfahren wird die angesaugte Luft komprimiert und der Kraftstoff zum Zeitpunkt um den oberen Totpunkt herum in die hoch verdichtete und heiße Ansaugluft eingespritzt. Der Kraftstoff wird damit in die gasförmige Phase überführt und mit der Luft vermischt. Die Aufbereitung des Luft-Kraftstoff-Gemischs (Gemischbildung), d. h. die Zugänglichkeit des Sauerstoffs zu den Kraftstoffmolekülen, ist für den Verbrennungsvorgang und zur Erfüllung der dieselmotorischen Zielgrößen entscheidend. Die Gemischbildung muss in extrem kurzer Zeit im Zylinder des Verbrennungsmotors ablaufen. Die Zündung erfolgt dabei durch Übertragung der Wärme von der heißen Luft an den Kraftstoff, d. h. ohne zusätzliche Zündquelle. Da der Kraftstoff direkt in den Brennraum eingespritzt wird und dort die Gemischbildung abläuft, spricht man von „innerer Gemischbildung".

Neben der Luftbewegung im Brennraum (Luftdrall und Quetschströmung) ist für die Gemischbildung die kinetische Energie des Kraftstoffstrahls von zentraler Bedeutung. Sie hängt vom Einspritzdruck und der eingespritzten Kraftstoffmasse ab und bestimmt zusammen mit dem Strahlkegelwinkel über den Impulsaustausch zwischen Brennraumluft und Kraftstoffstrahl das Größenspektrum der Tröpfchendurchmesser. Der Strahlkegelwinkel hängt neben der Luftdichte von der Düseninnenströmung und damit der Düsengestaltung und dem anliegenden Druck ab. Auch die Bauart des Einspritzsystems hat Einfluss auf

S. Fischer · W. Pape · M. Hickl · T. Becker · C. Seibel · U. Projahn (✉)
Robert Bosch GmbH, Stuttgart, Deutschland
E-Mail: Ulrich.Projahn@de.bosch.com

C. Kendlbacher · M. Bernhaupt
Robert Bosch AG, Hallein, Österreich

© Springer Fachmedien Wiesbaden GmbH, ein Teil von Springer Nature 2023
K. Reif (Hrsg.), *Einspritzsysteme für Dieselmotoren*, Motorsteuerung lernen,
https://doi.org/10.1007/978-3-658-38724-2_2

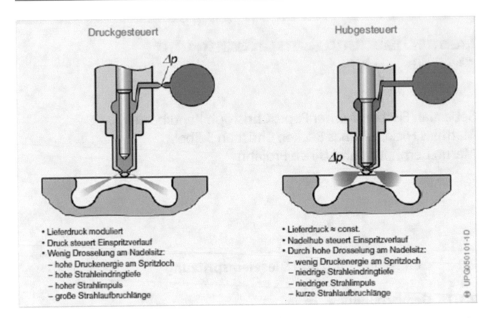

Abb. 2.1 Merkmale der druckgesteuerten Düse (im nockengesteuerten Einspritzsystem) und hubgesteuerten Düse (im Common-Rail-System)

Strahlenergie und Einspritzverlauf. Einflussgrößen bei nockengetriebenen Einspritzsystemen mit „druckgesteuerter" Düsennadel sind Förderrate der Einspritzpumpe und Durchflussquerschnitte der Einspritzdüse. Bei Speichereinspritzsystemen mit „hubgesteuerter" Düsennadel ist es der Raildruck. Die Hauptmerkmale sind in Abb. 2.1 dargestellt.

Obwohl der Einspritzverlauf nockengetriebener Systeme hinsichtlich des Emissionsverhaltens Vorteile aufweist [1], haben sich zwischenzeitlich Speichereinspritzsysteme in allen Motoranwendungen durchgesetzt. Grund dafür ist die hohe Flexibilität dieser Einspritzsysteme. Die funktionale Trennung von Druckerzeugung und Einspritzung erlaubt es, Einspritzdruck und Anzahl der Einspritzungen pro Arbeitszyklus frei als Funktion von Drehzahl und Last des Motors sowie weiterer Parameter zu wählen. Der Speicher bietet zudem die Möglichkeit, bezogen auf den Motorkurbelwinkel sehr späte Einspritzungen zur Steuerung der Abgasnachbehandlung durchzuführen. Deutliche Vorteile hinsichtlich Präzision, Kleinstmengenfähigkeit und minimaler Spritzabstände sind weitere Pluspunkte der hubgesteuerten Kraftstoffzumessung gegenüber der druckgesteuerten Düsennadel nockengesteuerter Systeme. Hinzu kommen die einfachere Motorintegration und der stark entlastete Pumpenantrieb, wodurch sich ein niedrigeres Pumpenantriebsgeräusch ergibt.

2.1.2 Zerstäubung und Verbrennung

Verdampfung und Gemischbildung müssen in extrem kurzer Zeit abgeschlossen sein, d. h., der kompakte Kraftstoffstrahl muss sehr schnell zerfallen und sehr viele kleine Tröpfchen erzeugen, die eine große Oberfläche für die Verdampfung bereitstellen. Beim

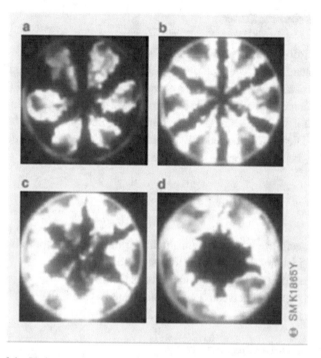

Abb. 2.2 Ablauf der Verbrennung in einem Versuchsmotor mit Direkteinspritzung und Mehrloch-düse: Bei „Glasmotoren" können die Einspritz- und Verbrennungsvorgänge durch Glaseinsätze und Spiegel beobachtet werden. Die Zeiten sind nach Beginn des Verbrennungseigenleuchtens angege-benen: **a** 1200 µs, **b** 1400 µs, **c** 1522 µs, **d** 1200 µs

Einspritzen wird die Druckenergie im Kraftstoff in Strömungsenergie (kinetische Energie) umgesetzt. Die Zerstäubung erfolgt durch turbulente Strömung und Kavitation in der Düse („Primärzerfall" im Nahbereich der Düse) und über den Impulsaustausch des turbulenten Einspritzstrahls mit der Luft im Brennraum („Sekundärzerfall"). Der Dieselkraftstoff wird deshalb umso feiner zerstäubt, je höher die Relativgeschwindigkeit zwischen Kraftstoff und Luft und je höher die Dichte der Luft im Brennraum ist. Die verdampfenden Tröpf-chen vermischen sich mit der heißen, hoch verdichteten Luft im Brennraum, und nach kurzem Zeitverzug beginnen Teile des Luft-Kraftstoff-Gemischs von selbst zu zünden und zu verbrennen (Abb. 2.2). Die Vermischung wird durch die Luftbewegung im Brennraum unterstützt. Diese ist bei Dieselmotoren mit direkter Einspritzung allerdings verhältnismä-ßig gering, auch wenn sie durch die Quetschströmung verstärkt wird. Der Einspritzdruck ist daher für die Gemischbildung bei Direkteinspritzung ausschlaggebend.

Das Resultat der Gemischbildung sollte eine möglichst rasche Entzündung und vollstän-dige Verbrennung der gesamten eingespritzten Kraftstoffmenge unter Vermeidung hoher Verbrennungsspitzentemperaturen sein. Dies führt zu einer weitgehend schadstoffarmen Verbrennung bei gleichzeitiger Vermeidung extremer Druckspitzen – Grundvoraussetzung für ein niedriges Verbrennungsgeräusch und geringe mechanische und thermische Belas-tung des Motors und seiner Bauteile.

2.1.3   Gemischverteilung

Das Luft-Kraftstoff-Gemisch im Brennraum ist örtlich und zeitlich stark unterschiedlich. Zur Kennzeichnung dafür, wie weit das tatsächlich vorhandene Luft-Kraftstoff-Gemisch vom stöchiometrischen Massenverhältnis abweicht, wurde die Luftzahl λ (Lambda) eingeführt. Das stöchiometrische Verhältnis beschreibt, wie viel Kilogramm Luft benötigt werden, um 1 kg Kraftstoff vollständig zu verbrennen (m_L/m_K). Es beträgt beim Dieselkraftstoff ca. 14,5. Die Luftzahl gibt das Verhältnis von zugeführter Luftmasse m_L zum Luftbedarf $m_{L\min}$ bei stöchiometrischer Verbrennung an:

$$\lambda = \frac{m_L}{m_{L\min}}$$

- $\lambda = 1$: Die zugeführte Luftmasse entspricht der theoretisch erforderlichen Luftmasse, die notwendig ist, um den gesamten Kraftstoff zu verbrennen.
- $\lambda < 1$: Es herrscht Luftmangel und damit fettes Gemisch.
- $\lambda > 1$: Es herrscht Luftüberschuss und damit mageres Gemisch.

2.1.4 λ-Werte beim Dieselmotor

Fette Gemischzonen sind für eine rußende Verbrennung verantwortlich. Damit nicht zu viele fette Gemischzonen entstehen, muss – im Gegensatz zum Ottomotor – insgesamt mit Luftüberschuss gefahren werden.

Die globalen λ-Werte von aufgeladenen Dieselmotoren liegen bei Volllast etwa zwischen $\lambda = 1,05$ und 1,5. Bei Leerlauf und Nulllast steigen die Werte auf $\lambda > 10$.

Diese Luftzahlen stellen das Verhältnis der gesamten Luft- und Kraftstoffmasse im Zylinder dar. Für die Selbstzündung und die Schadstoffbildung sind jedoch ganz wesentlich die lokalen λ-Werte verantwortlich, die räumlich stark schwanken.

Eine vollständig homogene Vermischung des eingespritzten Kraftstoffs mit der Luft ist vor oder während der Verbrennung nicht möglich. Die lokalen Luftzahlen im Brennraum überdecken alle Werte von $\lambda = 0$ (reiner Kraftstoff) im Strahlkern nahe der Düsenmündung bis zu $\lambda \to \infty$ (reine Luft) in der Strahlaußenzone. In der Tropfenrandzone (Dampfhülle) eines einzelnen flüssigen Tropfens treten lokal zündfähige λ-Werte von 0,3 … 1,5 auf (Abb. 2.3 und 2.4).

Daraus lässt sich ableiten, dass durch gute Zerstäubung (viele kleine Tröpfchen), hohen Gesamtluftüberschuss und „dosierte" Ladungsbewegung viele lokale Zonen mit einem mageren, zündfähigen λ-Wert entstehen. Dies bewirkt, dass bei der Verbrennung weniger Ruß entsteht. Damit steigt die AGR-Verträglichkeit, also die Fähigkeit, auch bei erhöhten Abgasrückführraten eine rußarme Verbrennung darstellen zu können. Und durch die erhöhte Abgasrückführrate lassen sich wiederum die NO_x-Emissionen reduzieren.

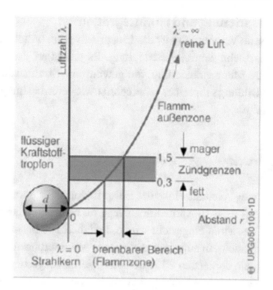

Abb. 2.3 Verlauf des Luft-Kraftstoff-Verhältnisses am ruhenden Einzeltropfen: d = Tröpfchendurchmesser (ca. 2 … 20 μm)

Abb. 2.4 Verlauf des Luft-Kraftstoff-Verhältnisses am bewegten Einzeltropfen: **a** niedrige Anströmgeschwindigkeit, **b** hohe Anströmgeschwindigkeit. 1 = Flammzone; 2 = Dampfzone; 3 = Kraftstofftropfen; 4 = Luftstrom

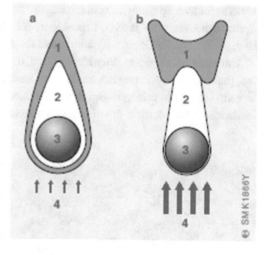

Mit Rücksicht auf ein geringes Motorgewicht und die Kosten des Motors soll möglichst viel Leistung aus einem vorgegebenen Hubraum gewonnen werden. Bei hoher Last muss der Motor dafür mit möglichst geringem Luftüberschuss laufen. Mangelnder Luftüberschuss erhöht allerdings insbesondere die Rußemissionen. Um sie zu begrenzen, muss die Kraftstoffmenge bei der verfügbaren Luftmenge und abhängig von der Drehzahl des Motors genau dosiert werden.

Änderungen der geodätischen Höhe (geringere Luftdichte in großer Höhe) erfordern ebenfalls ein Anpassen der Kraftstoffmenge an das geringere Luftangebot.

2.1.4.1 Dieseleinspritzung und Einflussgrößen

Für die dieselmotorische Verbrennung ist das Einspritzsystem, bestehend aus Druckerzeuger, Injektor und Düse, von zentraler Bedeutung. Es garantiert den erforderlichen Einspritzdruck, die exakte Mengendosierung, die gewünschte Strahlausbreitung mit schnellem Strahlzerfall und Bildung sehr feiner Tröpfchen sowie deren bestmögliche Vermischung mit der Verbrennungsluft.

2.1.5 Einspritzdruck

Für eine gute Zerstäubung spielt die Höhe des Einspritzdrucks eine wesentliche Rolle. Während die Anforderungen an das Einspritzdruckniveau für Nebenkammermotoren, deren Entwicklung in den 1990er-Jahren eingestellt wurde, lediglich 300 bis 400 bar betrugen, sind diese für Direkteinspritzmotoren aufgrund gestiegener Anforderungen hinsichtlich Leistung und Emissionen innerhalb der letzten 20 Jahre kontinuierlich angestiegen (Abb. 2.5).

Derzeitige Einspritzsysteme weisen Systemdrücke von bis zu 2700 bar auf. Dabei kommen bei Neuentwicklungen ausschließlich Common-Rail-Systeme zur Anwendung, die hohe Drücke über dem gesamten Drehzahlband zur Verfügung stellen. Allerdings wirkt sich ein höherer Einspritzdruck über eine schnellere Verbrennung und die damit verbundenen höheren lokalen Spitzentemperaturen negativ auf die NO_x-Emissionen aus. Bei konstantem Spritzbeginn steigen die NO_x-Emissionen für steigende Einspritzdrücke signifikant an. Eine wirkungsvolle Gegenmaßnahme stellt die Abgasrückführung dar (Abb. 2.6a).

Um einen günstigen Motorwirkungsgrad, d. h. niedrigen Kraftstoffverbrauch zu erzielen, muss die Einspritzung innerhalb eines bestimmten, drehzahlabhängigen Winkelfensters um OT herum erfolgen. Bei hohen Drehzahlen (Nennleistung) sind daher hohe Einspritzdrücke erforderlich, um die Einspritzdauer zu verkürzen (Abb. 2.6b).

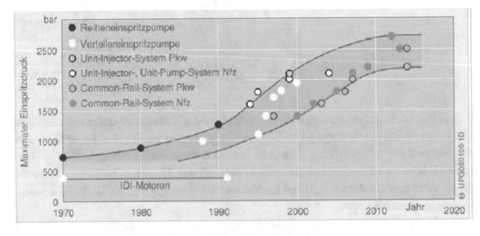

Abb. 2.5 Zeitliche Entwicklung des maximalen Einspritzdrucks

Abb. 2.6 Einfluss des Einspritzdrucks:
a Ruß- und Stickoxid-Rohemissionen
bei Variation von Abgasrückführrate
(AGR) und Raildruck p_{Rail};
b Kraftstoffverbrauch an der Volllast in
Abhängigkeit von Raildruck und
Spritzdauer SD

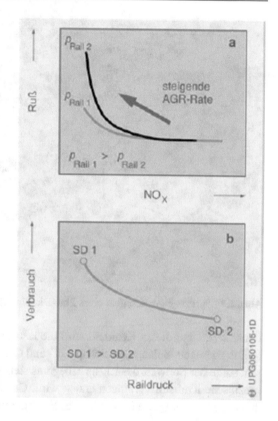

2.1.6 Spritzbeginn

Der Beginn der Kraftstoffeinspritzung in den Brennraum beeinflusst wesentlich den Beginn der Verbrennung des Luft-Kraftstoff-Gemischs und damit die Emissionen, den Kraftstoffverbrauch und das Verbrennungsgeräusch. Deshalb kommt dem Einspritzbeginn für
das optimale Motorverhalten große Bedeutung zu.

Der Spritzbeginn gibt den Kurbelwellenwinkel in Bezug auf den oberen Totpunkt (OT)
des Motorkolbens an, bei dem die Einspritzdüse öffnet und den Kraftstoff in den Brennraum des Motors einspritzt.

Die momentane Lage des Kolbens zum oberen Totpunkt beeinflusst die Bewegung der
Luft im Brennraum sowie deren Dichte und Temperatur. Demnach hängt die Mischungs-
qualität des Gemischs aus Luft und Kraftstoff auch vom Einspritzbeginn ab. Der Spritzbeginn nimmt somit Einfluss auf die Rohemissionen wie Ruß, Stickoxide (NO_x), unver-
brannte Kohlenwasserstoffe (HC) und Kohlenmonoxid (CO).

Die Sollwerte für den Einspritzbeginn sind je nach Motorlast, Drehzahl und Motortemperatur verschieden. Die optimalen Werte werden für jeden Motor ermittelt, wobei die
Auswirkungen auf Kraftstoffverbrauch, Schadstoff- und Geräuschemissionen berücksichtigt werden. Die so ermittelten Werte werden in einem Spritzbeginn-Kennfeld gespeichert

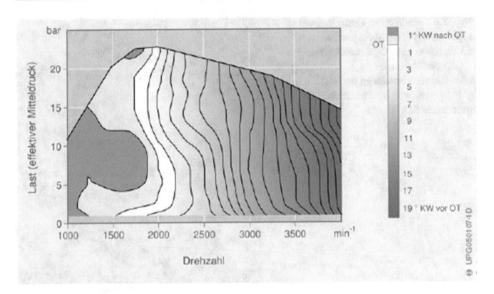

Abb. 2.7 Spritzbeginn-Kennfeld eines Pkw-Dieselmotors

(Abb. 2.7). Über dieses Kennfeld wird die last- und drehzahlabhängige Spritzbeginnverstellung geregelt. Solange die Schadstoff- und Geräuschemissionsanforderungen es zulassen, sollte der Sollwert des Einspritzbeginns stets so gewählt werden, dass der niedrigste spezifische Kraftstoffverbrauch erzielt wird. Gegebenenfalls kann dieser Anspruch noch durch weitere Anforderungen wie z. B. Fahrbarkeit des Fahrzeugs eingeschränkt werden.

2.1.6.1 Früher Einspritzbeginn

Die höchste Kompressionstemperatur stellt sich kurz vor dem oberen Totpunkt des Kolbens ein. Wird die Verbrennung weit vor OT eingeleitet, steigt der Verbrennungsdruck steil an und wirkt als bremsende Kraft gegen die Kolbenbewegung. Die dabei abgegebene Wärmemenge verschlechtert den Wirkungsgrad des Motors und erhöht somit den Kraftstoffverbrauch. Der steile Anstieg des Verbrennungsdrucks hat außerdem ein lautes Verbrennungsgeräusch zur Folge. Ein zeitlich vorverlegter Verbrennungsbeginn erhöht die Temperatur im Brennraum. Deshalb steigen die Stickoxidemissionen (NO$_x$) und es verringert sich der Ausstoß unverbrannter Kohlenwasserstoffe (HC, siehe Abb. 2.8). Die Minimierung von Blau- und Weißrauch erfordert bei kaltem Motor frühe Spritzbeginne oder eine Voreinspritzung oder beides.

2.1.6.2 Später Einspritzbeginn

Ein später Spritzbeginn bei geringer Last kann zu einer unvollständigen Verbrennung und so zur Emission unvollständig verbrannter Kohlenwasserstoffe (HC) und Kohlenmonoxid (CO) führen, da die Temperatur im Brennraum bereits wieder sinkt und damit der angestrebte vollständige Oxidationsvorgang der Kraftstoffmoleküle vorzeitig gestoppt wird (Abb. 2.8). Die zum Teil gegenläufigen Abhängigkeiten („Trade-offs") von spezifischem

Abb. 2.8 Streubänder der NO_x- und
HC-Emissionen in Abhängigkeit vom
Spritzbeginn bei einem Nfz-Motor ohne
Abgasrückführung

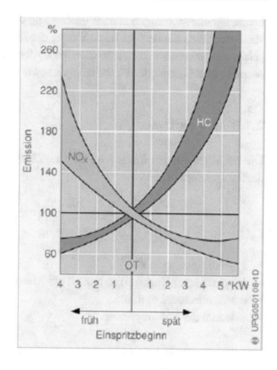

Kraftstoffverbrauch und HC-Emission auf der einen sowie Ruß (Schwarzrauch) und
NO_x-Emission auf der anderen Seite verlangen bei der Anpassung der Spritzbeginne an
den jeweiligen Motor Kompromisse und enge Toleranzen.

2.1.7 Förderbeginn

Der Förderbeginn (Beginn der Kraftstoffmengenförderung durch die Einspritzpumpe)
spielt bei Einspritzsystemen mit Reihen- oder Verteilereinspritzpumpe eine Rolle. Da er
einfacher als der tatsächliche Spritzbeginn zu bestimmen ist, wird er zur zeitlichen Ab-
stimmung zwischen Pumpe und Motor herangezogen. Eine definierte zeitliche Beziehung
zwischen Förder- und Spritzbeginn (Spritzverzug) erlaubt diese Vorgehensweise. Der
Spritzverzug hängt von der Laufzeit der Druckwelle Hochdruckpumpe – Einspritzdüse
und somit von der Leitungslänge und der Drehzahl ab. Die Motordrehzahl beeinflusst auch
den zeitlichen Abstand zwischen Einspritz- und Zündbeginn (Zündverzug). Beide Effekte
müssen kompensiert werden, weshalb bei diesen Einspritzsystemen eine von der Drehzahl, der Last und der Motortemperatur abhängige mechanische oder elektronische Ver-
stellung des Förder- bzw. Spritzbeginns vorhanden sein muss.

Bei Common-Rail-Systemen wird der Kraftstoffdruck über eine separate Hochdruckpumpe aufgebaut. Diese komprimiert in einem oder mehreren Zylindern mehrmals pro Mo-
torumdrehung den Kraftstoff und stellt damit immer einen quasi-konstanten Kraftstoffdruck

bereit. Die Einspritzungen können unabhängig von der Pumpenförderung über ein Magnetventil oder Piezoelement im Injektor nahe der Einspritzdüse gesteuert werden. Dadurch ergeben sich gegenüber nockengesteuerten Systemen zusätzliche Freiheitsgrade hinsichtlich
Anzahl und Zeitpunkt der Einspritzungen sowie des Einspritzdrucks.

2.1.8 Einspritzmenge

Die benötigte Kraftstoffmasse m_e für einen Motorzylinder pro Arbeitstakt berechnet sich
nach folgender Formel:

$$m_e = \frac{100}{3} \frac{P b_e}{nz} \left[\text{mg} / \text{Hub} \right]$$

- P Motorleistung in kW
- b_e spezifischer Kraftstoffverbrauch des Motors in g/kWh
- n Motordrehzahl in min^{-1}
- z Anzahl der Motorzylinder

Das entsprechende Kraftstoffvolumen (Einspritzmenge) Q_H in mm³/Hub bzw. mm³/Ein-
spritzzyklus ist dann:

$$Q_H = \frac{1}{\rho} m_e$$

Die Kraftstoffdichte ρ in g/cm³ ist temperaturabhängig.

Die vom Motor abgegebene Leistung ist bei angenommenem konstantem Wirkungsgrad $\eta \sim 1/b_e$, b_e in g/kWh direkt proportional zur Einspritzmenge.

Die vom Einspritzsystem eingespritzte Kraftstoffmasse hängt von folgenden Größen ab:

- Durchfluss der Einspritzdüse,
- Dauer der Einspritzung,
- Differenzdruckverlauf zwischen dem Einspritzdruck und dem Druck im Brennraum
  des Motors,
- Dichte des Kraftstoffs.

Dieselkraftstoff ist kompressibel, d. h., er wird bei hohen Drücken verdichtet, was die
Einspritzmenge erhöht. Durch die Abweichung der Istmenge zur Sollmenge im Kennfeld
werden die Leistung und der Schadstoffausstoß beeinflusst. Durch präzise arbeitende Einspritzsysteme mit Elektronischer Dieselregelung kann dieser Einfluss kompensiert und die
erforderliche Einspritzmenge sehr genau zugemessen werden.

2.1.9 Einspritzdauer

Eine Hauptgröße des Einspritzverlaufs ist die Einspritzdauer, während der die Einspritz-düse geöffnet ist und Kraftstoff in den Brennraum eingespritzt wird. Hierzu wird der Kur-belwellen (KW)- bzw. Nockenwellenwinkel (NW) in Grad oder die Zeit in Millisekunden angegeben. Die verschiedenen Anwendungen erfordern jeweils eine unterschiedliche Ein-spritzdauer (ungefähre Angaben bei Nennleistung):

- Pkw-Dieselmotoren ca. 32 … 40° KW,
- Nkw-Dieselmotoren 22 … 28° KW.

Bei einer Einspritzdauer von beispielsweise 30° Kurbelwellenwinkel steht bei einer Mo-tordrehzahl von 4000 min⁻¹ nur eine extrem kurze Zeitspanne von 1,25 ms für die Ge-mischbildung zur Verfügung. Das zeigt auch, dass aufgrund der inneren Gemischbildung die maximale Drehzahl eines Dieselmotors durch die zur Verdampfung des Kraftstoffes und die zur Gemischbildung erforderliche Zeit nach oben begrenzt wird.

Um den Kraftstoffverbrauch und die Schadstoffemissionen gering zu halten, muss die Einspritzdauer abhängig vom Betriebspunkt festgelegt und auf den Einspritzbeginn abge-stimmt sein (Abb. 2.9, 2.10, 2.11 und 2.12).

Abb. 2.9 Spezifischer Kraftstoffverbrauch b_e in g/kWh in Abhängigkeit von Einspritzbeginn und Einspritzdauer

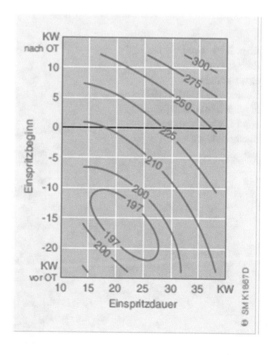

Abb. 2.10 Spezifische
Stickoxidemissionen
(NO_x) in g/kWh in
Abhängigkeit von
Einspritzbeginn und
Einspritzdauer

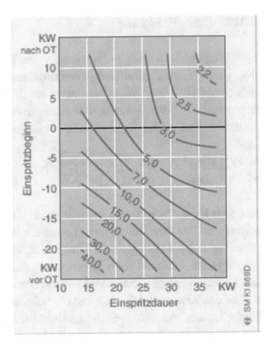

Abb. 2.11 Spezifische
Emissionen
unverbrannter
Kohlenwasserstoffe (HC)
in g/kWh in Abhängigkeit
von Einspritzbeginn und
Einspritzdauer

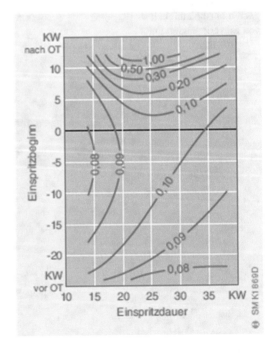

Abb. 2.12 Spezifische
Rußemissionen in g/kWh
in Abhängigkeit von
Einspritzbeginn und
Einspritzdauer

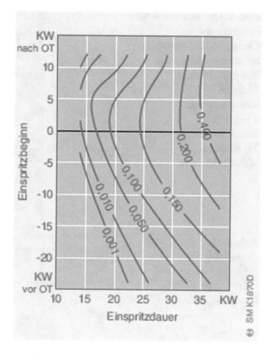

2.1.10 Einspritzverlauf

Der Einspritzverlauf beschreibt den zeitlichen Verlauf des Kraftstoffmassenstroms, der während der Einspritzdauer in den Brennraum eingespritzt wird.

2.1.10.1 Einspritzverlauf bei nockengesteuerten Einspritzsystemen

Bei nockengesteuerten Einspritzsystemen wird der Druck während des Einspritzvorgangs durch einen Pumpenkolben kontinuierlich aufgebaut. Dabei hat die Nockenform und damit die Nocken- bzw. Kolbengeschwindigkeit direkten Einfluss auf die Fördergeschwindigkeit und somit auf den Einspritzdruck. Dieser steigt mit zunehmender Drehzahl und Einspritzmenge an (Abb. 2.13). Er steigt zu Beginn der Einspritzung an, fällt aber vor dem Ende der Einspritzung (ab Förderende) wieder bis auf den Düsenschließdruck ab. Dies hat zur Folge, dass

- kleine Einspritzmengen mit geringeren Drücken eingespritzt werden;
- der Einspritzverlauf annähernd dreieckförmig (rampenförmig) ist, wie er für eine Verbrennung ohne Abgasrückführung günstig ist (weicher Druckanstieg und niedrige Verbrennungsspitzentemperatur, damit leise und NO_x-arme Verbrennung); ungünstig ist dieser Verlauf aber an der Volllast, da hier ein möglichst rechteckförmiger Verlauf mit hohen Einspritzraten eine bessere Luftausnutzung erzielt;
- eine späte Nacheinspritzung nur bedingt möglich (fehlender Nockenhub) ist.

Abb. 2.13 Schematische
Darstellung des
Einspritzdruckverlaufs
bei nockengesteuerten
Einspritzsystemen:
1 = hohe
Motordrehzahlen;
2 = mittlere
Motordrehzahlen;
3 = niedrige
Motordrehzahlen

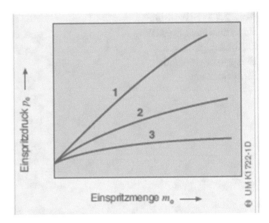

Abb. 2.14 Schematische
Darstellung des
Einspritzdruckverlaufs
beim Common-Rail-
Einspritzsystem

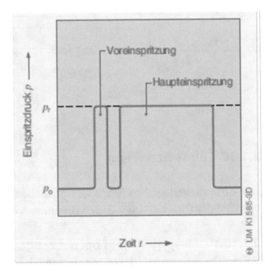

Eine angelagerte Voreinspritzung kann bei kantengesteuerten Einspritzsystemen nicht realisiert werden. Bei magnetventilgesteuerten Verteilereinspritzpumpen und Unit-Injector-
Systemen ist eine Voreinspritzung eingeschränkt realisierbar.

2.1.10.2 Einspritzverlauf bei speicherzeitgesteuerten Einspritzsystemen

Eine zentrale Hochdruckpumpe erzeugt den Druck im Speicher (Rail), der im gesamten
Kennfeld unabhängig von Drehzahl und Last des Motors eingestellt werden kann. Die ein-
gespritzte Kraftstoffmenge ist bei gegebenem Druck proportional zur Einschaltzeit des
Ventils im Injektor (zeitgesteuerte Einspritzung). Während des Einspritzvorgangs ist der
Einspritzdruck näherungsweise konstant (Abb. 2.14), d. h., es ergibt sich ein nahezu recht-
eckiger Einspritzverlauf. Real ist beim Öffnen der Düsennadel der Kraftstoffmassenstrom

aufgrund von Strömungsverlusten in der Düse zunächst gedrosselt. Mit steigendem Nadel-hub reduziert sich der Drosseleffekt. Damit ergibt sich eine nicht senkrechte, aber dennoch sehr steil ansteigende Öffnungsflanke des Einspritzverlaufs. Zum Einspritzende ist die Schließflanke des Einspritzverlaufs durch die gleichen Effekte beeinflusst. Der quasi recht-eckige Einspritzverlauf ermöglicht im Vergleich zum nockengesteuerten Einspritzsystem kürzere Spritzdauern und nahezu konstant hohe Strahlgeschwindigkeiten, was die Luftaus-nutzung an der Volllast intensiviert und somit höhere spezifische Leistungen zulässt.

Hinsichtlich des Verbrennungsgeräusches ist dies eher ungünstig, da durch die hohe Einspritzrate zu Beginn der Einspritzung eine große Menge Kraftstoff während des Zünd-verzugs eingespritzt wird und zu einem hohen Druckanstieg während der vorgemischten Verbrennung führt. Aufgrund der Möglichkeit, bis zu zwei Voreinspritzungen zu realisie-ren, kann der Brennraum jedoch vorkonditioniert werden, wodurch der Zündverzug ver-kürzt wird und so niedrigste Geräuschwerte realisiert werden können.

Die Abb. 2.9, 2.10, 2.11 und 2.12 zeigen Kraftstoffverbrauch und Schadstoffemissio-nen für einen Sechszylinder-Nfz-Dieselmotor mit Common-Rail-Einspritzsystem. Be-triebspunkt: $n = 1400$ min^{-1}, 50 % Volllast. Die Variation der Einspritzdauer erfolgt in diesem Beispiel durch Veränderung des Einspritzdrucks derart, dass sich je Einspritzvor-gang eine konstante Einspritzmenge ergibt.

Systeme mit Druckübersetzung erlauben darüber hinaus eine variable Einspritzver-laufsformung der Haupteinspritzung.

Über die vom Steuergerät angesteuerten Injektoren können Beginn und Dauer jeder einzelnen Einspritzung frei festgelegt und somit an die Erfordernisse für die verschiede-nen Motorbetriebspunkte und Betriebsarten angepasst werden. Die Anzahl und Ausgestal-tung der Kraftstoffzumessung kann derzeit bis zu zehn Einspritzungen pro Einspritzzyklus umfassen, der minimal mögliche zeitliche Abstand beträgt ca. 150 µs.

2.1.11 Einspritzfunktionen

Je nach Motorapplikation werden folgende Einspritzfunktionen gefordert (Abb. 2.15):

- Voreinspritzung(en) (1) zur Verminderung des Verbrennungsgeräusches und der NO$_x$-Emissionen,
- ansteigender Druckverlauf während der Haupteinspritzung (3) zur Verminderung der NO$_x$-Emissionen beim Betrieb ohne Abgasrückführung,
- „bootförmiger" Druckverlauf (4) während der Haupteinspritzung zur Verminderung der NO$_x$-Emissionen beim Betrieb ohne Abgasrückführung,
- konstant hoher Druck während der Haupteinspritzung (3, 7) zur Verminderung der Ru-ßemissionen beim Betrieb mit Abgasrückführung,
- frühe Nacheinspritzung (8) zur Verminderung der Rußemissionen,
- späte Nacheinspritzung (9) zur Aufheizung des Abgasnachbehandlungssystems.

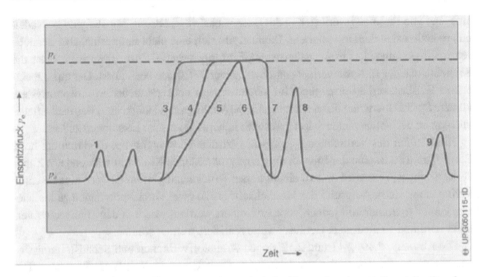

Abb. 2.15 Einspritzverläufe: 1 = Voreinspritzung(en); 2 = Haupteinspritzung; 3 = steiler Druckanstieg (Common-Rail-System); 4 = „bootförmiger" Druckanstieg (druckübersetztes Common-Rail-System; UP mit stromgeregelter Einspritzverlaufsformung); 5 = ansteigender Druckverlauf (druckübersetztes Common-Rail-System; Nocken-kantengesteuerte und Nocken-zeitgesteuerte Einspritzsysteme); 6 = flacher Druckabfall (Reihen- und Verteilereinspritzpumpen); 7 = steiler Druckabfall (UI, UP; für Common Rail etwas flacher); 8 = frühe Nacheinspritzung; 9 = späte Nacheinspritzzung; p_s = Spitzendruck; p_o = Düsenöffnungsdruck

2.1.11.1 Voreinspritzung

Durch die Verbrennung einer geringen Kraftstoffmenge (Pkw: ca. 1–2 mg; Nfz: ca. 2–3 mg) während der Kompressionsphase wird das Druck- und Temperaturniveau im Zylinder zum Zeitpunkt der Haupteinspritzung erhöht. Die Zündverzugszeit für die Haupteinspritzung verkürzt sich und der Anteil an vorgemischter Verbrennung wird im Verhältnis zur diffusionskontrollierten Verbrennung kleiner. Die Zunahme der diffusionskontrolliert verbrannten Kraftstoffmenge und das angehobene Temperaturniveau im Zylinder lassen Ruß- und teilweise auch NO_x-Emissionen ansteigen.

Die höheren Brennraumtemperaturen sind jedoch vor allem beim Kaltstart und im unteren Lastbereich günstig, um die Verbrennung zu stabilisieren und damit die HC- und CO-Emissionen zu senken.

Durch eine Anpassung des zeitlichen Abstandes zwischen Vor- und Haupteinspritzung und durch Dosierung der Voreinspritzmenge lässt sich betriebspunktabhängig ein günstiger Kompromiss zwischen Verbrennungsgeräusch und NO_x-Emissionen einstellen (Abb. 2.16).

2.1.11.2 Angelagerte Nacheinspritzung

Bei der angelagerten Nacheinspritzung wird die Haupteinspritzung um etwa 5–10 % der gesamten Einspritzmenge reduziert und diese Menge unmittelbar nach der Haupteinspritzzung drehmomentwirksam in den Brennraum eingebracht. Die Nacheinspritzung erhöht

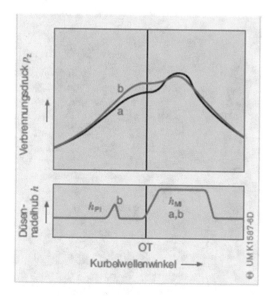

Abb. 2.16 Einfluss der Voreinspritzung auf den Verbrennungsdruckverlauf: a = ohne Voreinspritzung; b = mit Voreinspritzung; h_{PI} = Düsennadelhub bei der Voreinspritzung; h_{MI} = Düsennadelhub bei der Haupteinspritzung

die Turbulenz im Brennraum, unterstützt dadurch die Gemischbildung und führt zum Brennende hin zu einer gesteigerten Temperatur im Brennraum. Dies fördert die Nachverbrennung der Rußpartikel. Der Rußausstoß kann auf diese Weise deutlich reduziert werden.

2.1.11.3   Späte Nacheinspritzung

Bei der späten Nacheinspritzung wird eine genau dosierte Kraftstoffmenge während des Expansions- oder Ausstoßtaktes bis 150° KW nach OT eingespritzt. Der Kraftstoff wird dabei nicht verbrannt, sondern durch die Restwärme im Abgas verdampft. Auf diese Weise lässt sich einerseits ein fettes Gemisch erzeugen, wie es zur Regeneration des NO_x-Speicherkatalysators benötigt wird. Andererseits kann durch Oxidation der Kohlenwasserstoffe an einem Dieseloxidationskatalysator die gewünschte Erhöhung der Abgastemperatur zur Unterstützung der Partikelfilterregeneration erreicht werden. Die Nacheinspritzung ist eine effiziente Maßnahme, da sie ohne zusätzliche Bauteile auskommt. Sie hat jedoch den Nachteil, dass sie zu einem Kraftstoffeintrag ins Schmieröl und somit zu einer Ölverdünnung führen kann.

2.1.11.4   Digital Rate Shaping (DRS)

Eine Voraussetzung für eine verbrauchsgünstige Applikation ist die optimale Lage des Verbrennungsschwerpunkts (Abb. 2.17a). Der relativ früh liegende Schwerpunkt ist mit hohen NO_x-Emissionen verbunden. Diese lassen sich durch eine geeignete Kombination aus hoher Abgasrückführrate und hohem Einspritzdruck bei gleich bleibenden Rußemissionen verhindern. Negativ wirkt sich die Strategie allerdings auf das Verbrennungsgeräusch

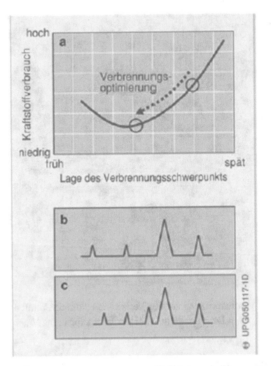

Abb. 2.17 Verbrennungsoptimierung durch „Digital Rate Shaping (DRS)": **a** Verbrauchsreduktion durch Verschiebung des Verbrennungsschwerpunkts; **b** konventionelles Einspritzmuster; **c** optimiertes DRS-Einspritzmuster

aus. Durch die standardmäßige Applikation von einer oder zwei Voreinspritzungen (Abb. 2.17b) kann zwar das Verbrennungsgeräusch vermindert werden, aber auf Kosten eines ungewollten Anstiegs der Rußemission. Dieser Konflikt kann durch den Ansatz eines Digital Rate Shaping, d. h. Aufteilung der gesamten Einspritzmenge in zahlreiche Einzeleinspritzungen, aufgelöst werden. Die Einzeleinspritzungen sind dabei durch extrem kurze Spritzabstände (ca. 250 µs) voneinander getrennt. Durch Anwendung von beispielsweise fünf Einspritzungen (Abb. 2.17c) kann eine signifikante Geräuschreduktion ohne Verbrauchs- und Emissionsnachteile erreicht werden [2].

2.1.11.5 Zumessgenauigkeit

An die präzise Zumessung des Kraftstoffs werden hohe Anforderungen gestellt. Damit die resultierenden Emissionsstreuungen langzeitstabil innerhalb der Grenzwertvorgaben liegen, sind den Einspritztoleranzen enge Grenzen gesetzt. Dies gilt insbesondere für die Kleinstmengen der Vor- und Nacheinspritzung bei Pkw-Motoren (1 bis 5 mg pro Einspritzung). In diesem Fall bewegen sich die Düsennadeln der Einspritzdüse im ballistischen Bereich (nicht bis zum Endhub) und somit haben sämtliche fertigungsbedingte Toleranzen und Langzeiteffekte einen erheblichen Einfluss auf die Mengenqualität. Der Ansatz, die geforderte Genauigkeit der Kraftstoffzumessung an die Hydraulikkomponenten selbst zu stellen – und diese über die Lebensdauer einzuhalten –, hat sich als unwirtschaftlich er-wiesen. Stattdessen kann, in Verbindung mit einem monotonen Injektorverhalten, über geeignete Steuer- und Regelstrukturen im elektronischen Steuergerät die geforderte Zu-messgenauigkeit der Einspritzung sichergestellt werden. Die eingesetzten Funktionen nut-zen dabei gezielt das spezifische Verhalten der Einspritzhydraulik und verwenden zur prä-zisen Mengenzumessung Signale bestehender Sensoren als Hilfsgrößen oder auch modellbasierte Ansätze.

2.2   Diesel-Einspritzsysteme im Überblick

Die Grundfunktionen aller Dieseleinspritzsysteme bestehen aus den vier Teilfunktionen:

- **Kraftstoff** vom Tank über den Kraftstofffilter zur Hochdruckerzeugung **fördern** (Nie-derdruckseite),
- **Hochdruck erzeugen und Kraftstoff** zur Zumessstelle oder in einen Speicher **för-dern** (Hochdruckseite),
- **Kraftstoff** mengengenau in den Brennraum **zumessen** und
- Kraftstoff zur primären Gemischbildung aufbereiten.

Diese sind je nach Bauart des Einspritzsystems unterschiedlich umgesetzt.

2.2.1   Bauarten

In der Gesamtheit der Bauformen wird zunächst nach Systemen mit und ohne Hoch-druckspeicher unterschieden (Abb. 2.18). Bei speicherlosen Einspritzsystemen erfolgt

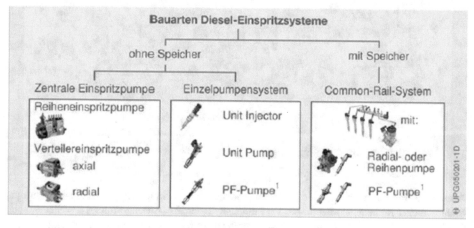

Abb. 2.18   Bauarten: [1] = Pumpe mit Fremdantrieb (Steckpumpe)

die Einspritzung stets über einen nockenangetriebenen Pumpenkolben. Diese Systeme können in solche mit zentraler Einspritzpumpe und mit zylinderselektiven Einzelpumpen weiter unterteilt werden. Die Zumessung des Kraftstoffs erfolgt entweder über Steuerkanten (Nocken-kantengesteuert) oder über schnell schaltende Magnetventile (Nockenzeitgesteuert).

Speichereinspritzsysteme verfügen über eine zentrale Hochdruckpumpe, die den Kraftstoff verdichtet und unter Hochdruck in einen Speicher fördert. Die Kraftstoffzumessung erfolgt aus dem Speicher heraus über Injektoren, die von Magnet- oder Piezoventilen gesteuert werden. Zur Druckerzeugung kommen hauptsächlich Radial- bzw. Reihenhochdruckpumpen zur Anwendung. Im Nutzfahrzeugbereich und für kleine Dieselmotoranwendungen in Schwellenländern werden auch eine oder mehrere, über die Motornockenwelle angetriebene Einzelpumpe(n) als Druckerzeuger angewandt.

2.2.1.1   Reiheneinspritzpumpen
Standard-Reiheneinspritzpumpen
Reiheneinspritzpumpen (Abb. 2.19) haben je Motorzylinder ein Pumpenelement. Der Kolben (4) wird durch die in der Einspritzpumpe integrierte und vom Motor angetriebene Nockenwelle (7) nach oben bewegt und durch die Kolbenfeder (5) zurückgedrückt.

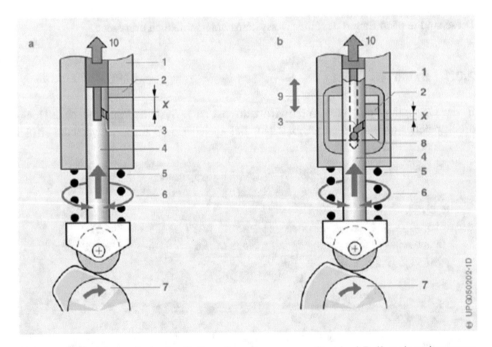

Abb. 2.19 Funktionsprinzip der Reiheneinspritzpumpe: **a** Standard-Reiheneinspritzpumpe, **b** Hubschieber-Reiheneinspritzpumpe. 1 = Pumpenzylinder; 2 = Ansaugöffnung; 3 = Steuerkante; 4 = Pumpenkolben; 5 = Kolbenfeder; 6 = Verdrehweg durch Regelstange zur Steuerung der Einspritzmenge; 7 = Antriebsnocken; 8 = Hubschieber; 9 = Verstellweg durch Stellwelle zur Verschiebung des Förderbeginn; 10 = Kraftstofffluss zur Einspritzdüse; X = Nutzhub

Verschließt die Oberkante des Kolbens bei der Aufwärtsbewegung die Ansaugöffnung (2), beginnt der Druckaufbau. Dieser Zeitpunkt wird Förderbeginn genannt. Der Kolben bewegt sich weiter aufwärts, bis der Düsenöffnungsdruck erreicht ist, und der Kraftstoff wird eingespritzt wird. Gibt die im Kolben schräg eingearbeitete Steuerkante (3) die Ansaugöffnung frei, kann Kraftstoff abfließen und der Druck bricht zusammen. Die Düsennadel schließt und die Einspritzung ist beendet.

Zur drehzahl- und lastabhängigen Steuerung der Einspritzmenge wird über eine Regelstange der Pumpenkolben verdreht. Dadurch verändert sich die Lage der Steuerkante relativ zur Ansaugöffnung und damit der Nutzhub. Die Regelstange wird durch einen mechanischen Fliehkraftregler oder ein elektrisches Stellwerk gesteuert.

Hubschieber-Reiheneinspritzpumpen
Die Hubschieber-Reiheneinspritzpumpe (Abb. 2.19b) hat im Bereich der Kolbensteuerkante (3) einen verschiebbaren Pumpenzylinder (Hubschieber) (8). Damit kann der Vorhub – d. h. der Kolbenweg bis zum Verschließen der Ansaugöffnung – über eine Stellwelle (9) verändert und somit der Förderbeginn verschoben werden. Hubschieber-Reiheneinspritzpumpen werden immer elektronisch geregelt. Einspritzmenge und Spritzbeginn werden nach berechneten Sollwerten eingestellt.

2.2.1.2 Verteilereinspritzpumpen
Verteilereinspritzpumpen haben nur ein Hochdruckpumpenelement für alle Zylinder (Abb. 2.20 und 2.21). Eine Flügelzellenpumpe fördert den Kraftstoff in den Hochdruck-

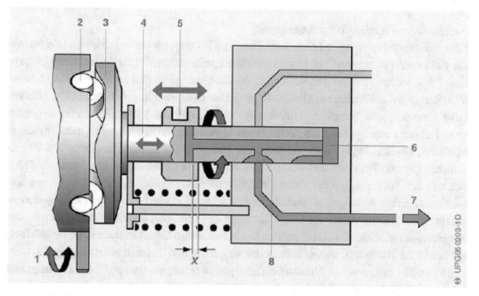

Abb. 2.20 Funktionsprinzip der kantengesteuerten Axialkolben-Verteilereinspritzpumpen: 1 = Spritzverstellerweg am Rollenring; 2 = Rolle; 3 = Hubscheibe; 4 = Axialkolben; 5 = Regelschieber; 6 = Hochdruckraum; 7 = Kraftstofffluss zur Einspritzdüse; 8 = Steuerschlitz; X = Nutzhub

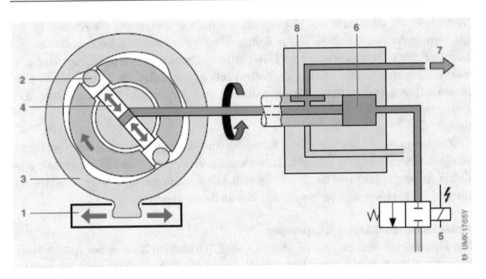

Abb. 2.21 Funktionsprinzip der magnetventilgesteuerten Radialkolben-Verteilereinspritzpumpen: 1 = Spritzverstellerweg am Nockenring; 2 = Rolle; 3 = Nockenring; 4 = Radialkolben; 5 = Hochdruckmagnetventil; 6 = Hochdruckraum; 7 = Kraftstofffluss zur Einspritzdüse; 8 = Steuerschlitz

raum (6). Die Hochdruckerzeugung erfolgt durch einen Axial- (Abb. 2.20, Pos. 4) oder mehrere Radialkolben (Abb. 2.21, Pos. 4). Ein rotierender zentraler Verteilerkolben öffnet und schließt Steuerschlitze (8) und Steuerbohrungen und verteilt so den Kraftstoff auf die einzelnen Motorzylinder. Die Einspritzdauer wird über einen Regelschieber (Abb. 2.20, Pos. 5) oder über ein Hochdruckmagnetventil (Abb. 2.21, Pos. 5) geregelt.

Axialkolben-Verteilereinspritzpumpen
Eine rotierende Hubscheibe (Abb. 2.20, Pos. 3) wird vom Motor angetrieben. Die Anzahl der Nockenerhebungen auf der Hubscheibenunterseite entspricht der Anzahl der Motorzylinder. Sie wälzen sich auf den Rollen (2) des Rollenrings ab und bewirken dadurch beim Verteilerkolben zusätzlich zur Drehbewegung eine Hubbewegung. Während einer Umdrehung der Antriebswelle macht der Kolben so viele Hübe, wie Motorzylinder zu versorgen sind. Bei der kantengesteuerten Axialkolben-Verteilereinspritzpumpe mit mechanischem Fliehkraft-Drehzahlregler oder elektronisch geregeltem Stellwerk bestimmt ein Regelschieber (5) den Nutzhub und dosiert dadurch die Einspritzmenge. Ein Spritzversteller verstellt den Förderbeginn der Pumpe durch Verdrehen des Rollenrings. Bei der magnetventilgesteuerten Axialkolben-Verteilereinspritzpumpe dosiert ein elektronisch gesteuertes Hochdruckmagnetventil die Einspritzmenge und verändert den Einspritzbeginn. Ist das Magnetventil geschlossen, kann sich im Hochdruckraum Druck aufbauen. Ist es geöffnet, entweicht der Kraftstoff, sodass kein Druck aufgebaut und dadurch nicht eingespritzt werden kann. Ein oder zwei elektronische Steuergeräte (Pumpen- und ggf. Motorsteuergerät) erzeugen die Steuer- und Regelsignale.

Radialkolben-Verteilereinspritzpumpen

Die Hochdruckerzeugung erfolgt durch eine Radialkolbenpumpe mit Nockenring (Abb. 2.21, Pos. 3) und zwei bis vier Radialkolben (4). Mit Radialkolbenpumpen können höhere Einspritzdrücke erzielt werden als mit Axialkolbenpumpen. Der Nockenring kann durch den Spritzversteller (1) verdreht werden, wodurch der Förderbeginn verschoben wird. Einspritzbeginn und Einspritzdauer sind bei der Radialkolben-Verteilereinspritzpumpe ausschließlich magnetventilgesteuert.

2.2.1.3 Einzelzylinder-Systeme

Einzel-Einspritzpumpen PF

Die vor allem für Schiffsmotoren, Diesellokomotiven, Baumaschinen und Kleinmotoren eingesetzten Einzel-Einspritzpumpen PF (Pumpe mit Fremdantrieb) werden direkt von der Motornockenwelle angetrieben. Die Motornockenwelle hat – neben den Nocken für die Ventilsteuerung des Motors – Antriebsnocken für die einzelnen Einspritzpumpen. Die Arbeitsweise der Einzel-Einspritzpumpe PF entspricht ansonsten im Wesentlichen der Reiheneinspritzpumpe.

Unit-Injector-System (UIS)

Beim Unit-Injector-System (auch Pumpe-Düse-Einheit (PDE) genannt) bilden die Einspritzpumpe und die Einspritzdüse eine Einheit (Abb. 2.22). Pro Motorzylinder ist ein Unit Injector in den Zylinderkopf eingebaut. Er wird von der Motornockenwelle entweder direkt über einen Stößel oder indirekt über Kipphebel angetrieben.

Durch die integrierte Bauweise des Unit Injector entfällt die bei anderen Einspritzsystemen erforderliche Hochdruckleitung zwischen Einspritzpumpe und Einspritzdüse. Dadurch kann das Unit-Injector-System auf einen wesentlich höheren Einspritzdruck ausgelegt werden. Das Unit-Injector-System wird elektronisch gesteuert. Einspritzbeginn und -dauer werden von einem Steuergerät berechnet und über ein Hochdruckmagnetventil gesteuert.

Unit-Pump-System (UPS)

Das Unit-Pump-System (auch Pumpe-Leitung-Düse (PLD) genannt) arbeitet nach dem gleichen Verfahren wie das Unit-Injector-System (Abb. 2.23). Im Gegensatz zum Unit-Injector-System sind Düsenhalterkombination (2) und Einspritzpumpe über eine kurze, genau auf die Komponenten abgestimmte Hochdruckleitung (3) verbunden. Diese Trennung von Hochdruckerzeugung und Düsenhalterkombination erlaubt einen einfacheren Anbau am Motor. Je Motorzylinder ist eine Einspritzeinheit (Einspritzpumpe, Leitung und Düsenhalterkombination) eingebaut. Sie wird von der Nockenwelle des Motors (6) angetrieben.

Auch beim Unit-Pump-System werden Einspritzdauer und Einspritzbeginn mit einem schnell schaltenden Hochdruckmagnetventil (4) elektronisch geregelt.

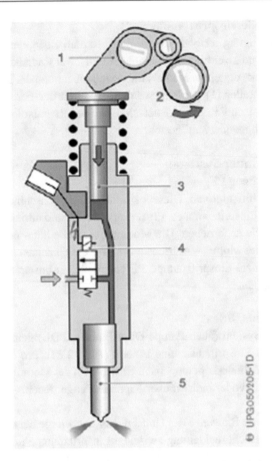

Abb. 2.22 Bauart und Funktionsprinzip des Unit Injector: 1 = Kipphebel; 2 = Antriebsnocken; 3 = Pumpenkolben; 4 = Hochdruckmagnetventil; 5 = Einspritzdüse

2.2.1.4 Speichereinspritzsysteme

Beim Hochdruckspeicher-Einspritzsystem (Common-Rail-System, Abb. 2.24) sind Druckerzeugung und Einspritzung entkoppelt. Eine Hochdruckpumpe (1) fördert den unter Einspritzdruck stehenden Kraftstoff in ein Speichervolumen (2, Rail). Die Kraftstoffförderung ist dabei unabhängig vom Einspritzzyklus. Der Raildruck kann im gesamten Kennfeld unabhängig von Drehzahl und Last des Motors eingestellt werden. Die Druckregelung kann hochdruckseitig, saugseitig oder hochdruck- und saugseitig erfolgen. Die Injektoren (6) sind über kurze Leitungen mit dem Rail verbunden. Über das Motorsteuergerät wird das im Injektor integrierte Schaltventil (4) angesteuert, um die Einspritzdüse (4) zu öffnen und wieder zu schließen. Öffnungsdauer und Systemdruck bestimmen die eingespritzte Kraftstoffmenge. Die Möglichkeit, pro Arbeitsspiel des Motors mehrfach Kraftstoff aus dem Rail zu entnehmen, erlaubt eine hohe Flexibilität bei Lage, Anzahl und Menge der Einspritzungen.

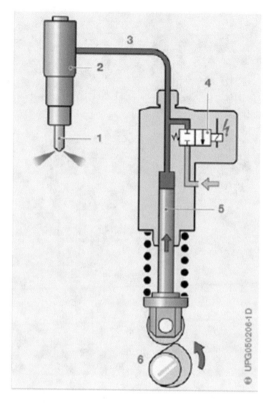

Abb. 2.23 Bauart und Funktionsprinzip der Unit Pump: 1 = Einspritzdüse; 2 = Düsenhalter; 3 = Hochdruckleitung; 4 = Hochdruckmagnetventil; 5 = Pumpenkolben; 6 = Antriebsnocken

Common-Rail-System mit Druckübersetzung

Der grundsätzliche Aufbau und die grundsätzliche Funktionsweise entsprechen dem des Standard-Common-Rail-Systems. Bei Systemen mit Druckübersetzung (Abb. 2.25) wird der Einspritzdruck über einen Stufenkolben (4) im Injektor (5) erzeugt. Die Hochdruckpumpe (1) fördert daher den Kraftstoff mit einem dem Übersetzungsverhältnis (2,2 bis 2,5) entsprechend niedrigeren Druck in das Rail (2).

Daher müssen die meisten Bauteile von System und Injektor nur auf den deutlich niedrigeren Raildruck ausgelegt werden. Im Injektor sind zwei Magnetventile (3, 6) zur Aktivierung des Druckverstärkers und der Einspritzdüse integriert. Damit sind sowohl druckverstärkte als auch nicht druckverstärkte Einspritzungen möglich. Im Fall druckverstärkter Einspritzungen kann durch geeignete zeitliche Ansteuerung der beiden Ventile ein rampen-, boot- oder rechteckförmiger Einspritzverlauf realisiert werden [3]. Diesem Vorteil stehen höhere Herstellkosten und mehr Aufwand beim Steuergerät (Hard- und Software) entgegen. Außerdem sind, aufgrund der Druckübersetzung, größere Kraftstoff-Rücklaufmengen zu handhaben.

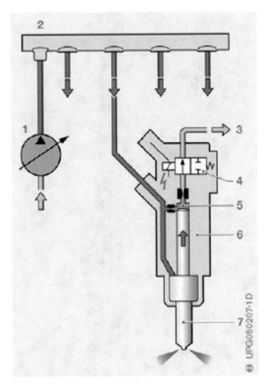

Abb. 2.24 Bauart und Funktionsprinzip des Common-Rail-Systems: 1 = Hochdruckpumpe; 2 = Rail (Kraftstoffdruckspeicher); 3 = Leckage- und Steuermenge; 4 = 2/2-Hochdruckmagnetventil; 5 = Steuerraum; 6 = Injektor; 7 = Einspritzdüse

Aufgrund ihrer großen Flexibilität haben sich zwischenzeitlich Speichereinspritzsysteme in allen Motoranwendungen durchgesetzt. Im Folgenden wird daher, neben den bei Nutzfahrzeugen noch in Verwendung befindlichen Unit-Injector- und Unit-Pump-Systemen, schwerpunktmäßig auf das Common-Rail-System und seine Komponenten eingegangen. Die anderen Systeme (Reihen- und Verteilereinspritzpumpe, Pkw-Unit-Injector-System) werden gestrafft abgehandelt, eine ausführliche Beschreibung findet sich in [4].

2.3   Common-Rail-Systeme

Im Gegensatz zu nockengetriebenen Einspritzsystemen sind bei Einspritzsystemen mit zentralem Druckspeicher, allgemein als Common-Rail-Einspritzsysteme bezeichnet, Druckerzeugung (mit der Hochdruckpumpe) und Einspritzung (über den Injektor) entkoppelt. Sie erlauben daher einen – innerhalb gegebener Druckgrenzen – frei wählbaren Einspritzdruck. Da außerdem Einspritzzeitpunkt und Einspritzmenge nicht an die Förderphase der Hochdruckpumpe gebunden sind, können praktisch alle wesentlichen Einspritzparameter

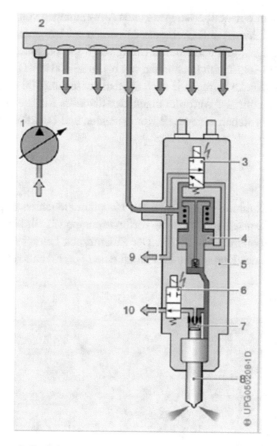

Abb. 2.25 Bauart und Funktionsprinzip des Common-Rail-Systems mit Druckübersetzung: 1 = Hochdruckpumpe; 2 = Rail (Kraftstoffdruckspeicher); 3 = 3/2-Hochdruckmagnetventil; 4 = Druckverstärkermodul; 5 = Injektor; 6 = 2/2-Hochdruckmagnetventil; 7 = Steuerraum; 8 = Einspritzdüse; 9, 10 = Leckage- und Steuermenge

einschließlich Mehrfacheinspritzung frei eingestellt werden. Dies bedeutet eine Flexibilität, die es dem Brennverfahrensentwickler ermöglicht, Gemischbildung und Verbrennung im Hinblick auf eine möglichst geringe Schadstoffrohemission zu optimieren. Die einfache Integration am Motor und der – verglichen zu nockengesteuerten Einspritzsystemen – deutlich entlastete Pumpenantrieb sind weitere Pluspunkte, die das Common-Rail-System heute zum bevorzugten Einspritzsystem für alle Dieselmotorbauarten machen.

Das erste elektronisch gesteuerte Common-Rail-System wurde 1997 von Bosch für Pkw-Anwendungen auf den Markt gebracht. Der maximale Systemdruck betrug damals 1350 bar. Ein System für Nutzfahrzeuganwendungen mit 1400 bar folgte 1999. Für Großdieselmotoren wurde 2004 das modulare Common-Rail-System (MCRS) mit einem Systemdruck von 1600 bar in den Markt eingeführt.

Heute werden Common-Rail-Systeme in allen Anwendungen von DI-Motoren für Pkw, Nfz (On- und Off-Highway) und Großmotoren eingesetzt. Die Palette reicht vom Einzylindermotor mit 0,6/Hubraum und einer Leistung von 8 kW bis hin zum Großdieselmotor für Lokomotiven und Schiffe mit Leistungen von bis zu 23 400 kW (18 Zylinder, 2000/Hubraum). Die Systemdrücke betragen je nach System zwischen 1400 … 2700 bar. Entsprechend den unterschiedlichen Anforderungen der diversen Märkte bzw. Strategien zur Emissionsreduzierung stehen angepasste Komponenten und Funktionen zur Verfügung.

2.3.1 Aufbau

Ein typisches Pkw-Common-Rail-System mit Hauptkomponenten zeigt Abb. 2.26. Eine elektrisch oder mechanisch angetriebene Vorförderpumpe (2) fördert den Kraftstoff aus dem Tank (1) zur Hochdruckpumpe (4). Der Zulaufdruck beträgt 350 … 600 kPa. Die notwendige Reinheit des Kraftstoffs wird durch einen vorgeschalteten Kraftstofffilter (3) gewährleistet.

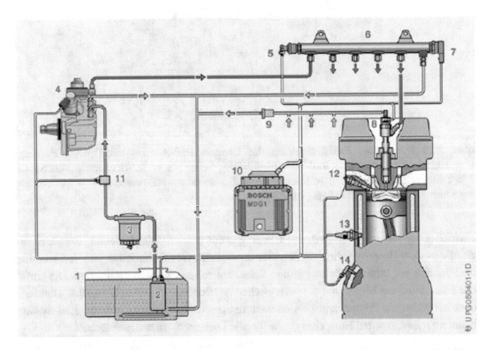

Abb. 2.26 Common-Rail-System für Pkw: 1 = Kraftstofftank; 2 = Vorförderpumpe mit Siebfilter; 3 = Kraftstofffilter; 4 = Hochdruckpumpe mit Zumesseinheit; 5 = Raildrucksensor; 6 = Rail; 7 = Druckregelventil; 8 = Injektor; 9 = Rückschlagventil (nur beim Magnetventil-Injektor, optional) bzw. Druckhalteventil (nur beim Piezoinjektor); 10 = Steuergerät mit Eingängen für die Sensoren und Ausgängen für die Aktoren; 11 = Kraftstofftemperatursensor; 12 = Glühstiftkerze; 13 = Kühlwassertemperatursensor; 14 = Kurbelwellen-Drehzahlsensor

Die Druckerzeugung erfolgt unabhängig vom Einspritzzyklus. Die vom Motor angetriebene, kontinuierlich arbeitende Hochdruckpumpe fördert den auf Systemdruck verdichteten Kraftstoff in den Kraftstoffspeicher (6, Rail) und hält ihn weitgehend unabhängig von Motordrehzahl und Einspritzmenge aufrecht. Aufgrund der nahezu gleichförmigen
Förderung sind Baugröße und Spitzendrehmoment der Hochdruckpumpe kleiner als bei
nockengesteuerten Einspritzsystemen. Die Hochdruckpumpe ist als Radialkolbenpumpe,
für Nutzfahrzeuge und Großmotoren auch als Reihen- oder Einzelsteckpumpe (mit Antrieb über die Motornockenwelle) ausgeführt.

Der Druck im Rail wird durch einen Sensor (5) erfasst. Zur Regelung des Raildrucks
kommen verschiedene Verfahren zum Einsatz. Dargestellt ist eine Zweistellerlösung
(saug- und hochdruckseitige Regelung) mit Zumesseinheit an der Hochdruckpumpe und
Druckregelventil (7) am Rail. Die Injektoren (8) sind über kurze Hochdruckleitungen mit
dem Rail verbunden, Druckhalte- bzw. Rückschlagventile (9) in der Rücklaufleitung sorgen für definierte Druckrandbedingungen. Über das Motorsteuergerät (10) wird das im
Injektor integrierte Schaltventil angesteuert, um die Einspritzdüse zu öffnen und wieder zu
schließen. Öffnungsdauer und Systemdruck bestimmen die eingespritzte Kraftstoffmenge.
Sie ist damit unabhängig von der Motor- bzw. Pumpendrehzahl.

Common-Rail-Systeme weisen damit gegenüber nockengetriebenen Systemen folgende Vorteile auf:

- Der gewünschte Einspritzdruck steht, unabhängig von Drehzahl und Last, permanent
  zur Verfügung; dies erlaubt die flexible Wahl von Einspritzbeginn, -menge und -dauer;
- hohe Einspritzdrücke und damit eine gute Gemischbildung sind auch bei niederen
  Drehzahlen und Lasten möglich;
- hohe Flexibilität bezüglich Mehrfacheinspritzungen, sowohl in ihrer Anzahl als auch
  im Abstand untereinander;
- einfacher Anbau an den Motor und deutlich niedrigere Antriebs-Drehmomentspitzen.

Bei V-Motoren wird jeder Zylinderbank ein separates Rail zugeordnet. Die Kraftstoffförderung von der Hochdruckpumpe kann direkt mit einem der Rails oder über einen Verteiler-
block verbunden sein. Die Kraftstoffspeicher sind dann untereinander über eine Leitung
verbunden. Es gibt dazu zahlreiche verschiedene Anschluss- und Verbindungsmöglichkeiten.

Neben dem zuvor beschriebenen Standard-Common-Rail-System kommen für
Nfz-Dieselmotoren auch Systeme mit Druckverstärkung zum Einsatz, Abb. 2.27. Generel-
ler Aufbau und Funktion sind gleich, Hauptunterscheidungsmerkmal ist die Aufteilung der
Hochdruckerzeugung in zwei Stufen. In der ersten Stufe wird der von der Zahnradpumpe
geförderte Kraftstoff in der Hochdruckpumpe (5) auf einen Raildruck von 200 … 1200 bar
verdichtet. In der zweiten Stufe kann der Kraftstoff über ein im Injektor integriertes
Druckverstärkermodul dann auf bis zu 2700 bar komprimiert werden. Dadurch sind nur
wenige Teile im Injektor mit dem Höchstdruck belastet. Das übrige System operiert mit
dem niedrigeren Systemdruck. Das Druckverstärkermodul besteht im Wesentlichen aus
einem Stufenkolben, der den Raildruck proportional im Verhältnis der Kolbenflächen ver-

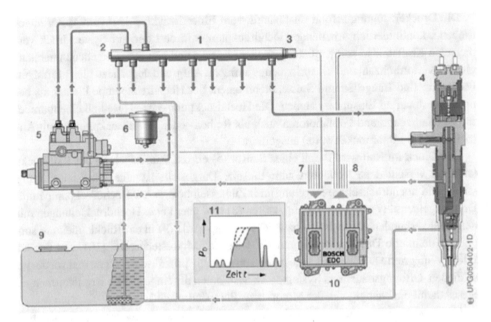

Abb. 2.27 Druckübersetztes Common-Rail-System: 1 = Rail; 2 = Druckbegrenzungsventil; 3 = Raildrucksensor; 4 = Injektor mit Druckverstärker; 5 = Hochdruckpumpe mit integrierter Vorförderpumpe und Zumesseinheit; 6 = Kraftstofffilter; 7 = Eingänge für die Sensoren; 8 = Ausgänge für die Aktoren; 9 = Kraftstofftank; 10 = Steuergerät; 11 = realisierbare Einspritzverlaufsformung („square", „ramp", „boot"); p_D = Druck in der Düse

stärkt. Hochdruckpumpe und Niederdruckkreiskomponenten müssen daher, gegenüber einem konventionellen Common-Rail-System, um den Verstärkungsfaktor erhöhte Kraftstoffmengen fördern und beherrschen. Der Druckverstärker kann über ein eigenes Steuerventil separat angesteuert werden. Zusammen mit dem Steuerventil der Düsennadel kann damit eine flexible Einspritzverlaufsformung (Boot, Rampe und Rechteck) für die Haupteinspritzung realisiert werden [3]. Die heute überwiegend eingesetzten Systeme arbeiten ohne Druckübersetzung.

2.3.1.1 Niederdrucksystem

Im Niederdruckkreislauf sind die Kraftstoffversorgung vom Tank bis zur Hochdruckpumpe und die Rückführung der Leck- und Überlaufmengen zum Tank zusammengefasst. Den prinzipiellen Aufbau zeigt Abb. 2.28. Die wesentlichen Komponenten sind:

- Kraftstoffbehälter,
- Kraftstoffvorfilter mit Handpumpe (optional), Kraftstoffhauptfilter und Wasserabscheider,
- Kühler für das Steuergerät (optional),
- Vorförderpumpe,

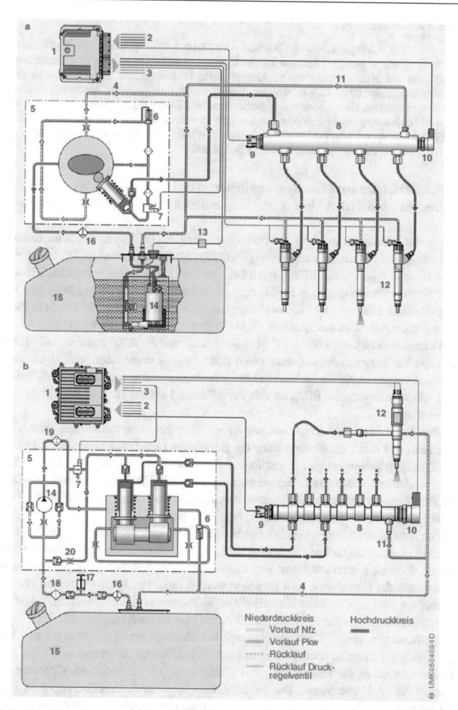

Abb. 2.28 Niederdruckkreislauf für Pkw- und Nfz-Anwendungen: **a** Pkw (saug- und hochdruck-seitige Druckregelung), **b** Nfz (saugseitige Druckregelung). 1 = Motorsteuergerät; 2 = Eingänge für

(Fortsetzung)

Abb. 2.28 (Fortsetzung)

die Sensoren; 3 = Ausgänge für die Aktoren; 4 = Rücklauf; 5 = Hochdruckpumpe; 6 = Überströmventil; 7 = Zumesseinheit; 8 = Rail; 9 = Raildrucksensor; 10 = Druckregel- oder Druckbegrenzungsventil (nur bei Nfz, dargestellt: Druckregelventil); 11 = Rücklauf Druckregelventil (bzw.
Druckbegrenzungsventil); 12 = Injektoren; 13 = Electronic Pump Control, Modul zur Steuerung
des Volumenstroms einer elektrisch angetriebenen Vorförderpumpe (optional, nur bei Pkw);
14 = Vorförderpumpe elektrisch oder mechanisch; 15 = Kraftstoffbehälter; 16 = Krafstofffilter
(Kraftstoffvorfilter bei Nfz) mit Wasserabscheider; 17 = Handpumpe; 18 = Steuergerätekühler (nur
bei Nfz); 19 = Kraftstoffhauptfilter; 20 = Nullförderdrossel

- Kraftstoffkühler und Starthilfepumpe (optional) und
- Druckhalteventil (DHV) bzw. Rückschlagventil (RSV) in der Injektorrücklaufleitung.

Als Vorförderpumpen kommen Elektrokraftstoffpumpen (EKP) oder (mechanische oder
zukünftig auch elektrische Zahnradpumpen (eZP) [5]) Zahnradpumpen (ZP) oder beides
zum Einsatz. Systeme mit EKP werden bei Pkw und leichten Nfz verwendet, teilweise
aber auch als Zusatzpumpe zur Entlüftung oder Startunterstützung bei mechanischen För-
derpumpen in Systemen für Nutzfahrzeuge und Großdieselmotoren. ZP dienen in Pkw-,
Nfz- und Großdieselmotor-Systemen als Vorförderpumpe; für schwere Nfz kommen derzeit ausschließlich mechanische ZP zur Anwendung, wobei die ZP zumeist in die Hochdruckpumpe integriert ist und über deren Antriebswelle angetrieben wird. Elektrische
Zahnradpumpen verbinden die Vorteile Mengenbedarfsregelung, verbesserte Startfähigkeit
und höhere energetische Effizienz mit der höheren Laufzeit für den Einsatz in Nfz-
Anwendungen.

Zum Schutz des Einspritzsystems vor Verunreinigungen (Feststoffteilchen, Wasser) im
Kraftstoff und damit zur Sicherstellung der geforderten Lebensdauer muss ein auf die jeweiligen Einsatzbedingungen abgestimmter Kraftstofffilter verwendet werden. Vorfilter
mit integriertem Wasserabscheider werden vor allem für Nfz in Ländern mit schlechter
Kraftstoffqualität und bei Industriemotoranwendungen verwendet. Hinsichtlich ihrer Ab-
scheidecharakteristik werden sie an den Hauptfilter angepasst.

Am Nutzfahrzeugmotor mit seinen im Vergleich zum Pkw deutlich größeren Zylinder-
inhalten dienen Flammstartanlagen (s. Abb. 2.33, Pos. 31) dazu, die Ansaugluft so zu be-
heizen, dass selbst unter arktischen Verhältnissen eine für die Selbstzündung ausreichende
Temperatur der verdichteten Luft garantiert werden kann. Der Kraftstoff für die Flamm-
startanlage wird üblicherweise hinter der Vorförderpumpe entnommen und der Zulauf zur
Flammstartkerze über ein stromlos geschlossenes Magnetventil freigegeben.

Im Niederdruckteil der Hochdruckpumpe befinden sich ein stufenlos regelbares Magnetventil, die Zumesseinheit bzw. ein elektrisch schaltendes Saugventil im Zulauf zum
Hochdruckelement der Pumpe sowie das Überströmventil. Ein optionales Charakteristikum ist die Nullförderdrossel. Die Zumesseinheit bzw. das elektrische Saugventil dient
der Regelung der Hochdruckmenge mit dem Ziel, nur den hochdruckseitigen Systemmen-
genbedarf auf den hohen Druck zu verdichten. Die von der Vorförderpumpe zu viel geförderte Kraftstoffmenge wird über das Überströmventil in den Tank bzw. vor die Vorförder-

pumpe zurückgeleitet. Das Überströmventil sorgt dabei für ein definiertes Druckniveau vor den Saugventilen. Bei kraftstoffgeschmierten Pumpen dienen Drosseln im Überströmventil der Entlüftung bzw. garantieren eine ausreichende Schmiermenge.

Falls vorhanden, wird über eine Nullförderdrossel die bei geschlossener Zumesseinheit auftretende Leckagemenge abgeführt und damit ein ungewollter Raildruckanstieg verhindert bzw. ein schneller Druckabbau sichergestellt. Die Rückführung des heißen Rücklaufstroms stellt hohe thermische Anforderungen an die meist in Kunststoff ausgeführten Rücklaufleitungen. In die Sammelleitung der Injektor-Rücklaufleitungen integrierte Druckhalte- bzw. Rückschlagventile sorgen für definierte Druckrandbedingungen der Injektoren.

2.3.1.2 Hochdrucksystem

Der Hochdruckbereich des Common-Rail-Systems gliedert sich in die drei Bereiche Druckerzeugung, Druckspeicherung und Kraftstoffzumessung mit folgenden Komponenten:

- Hochdruckpumpe,
- Rail mit Drucksensor sowie Druckregel-, Druckbegrenzungs- oder Druckabbauventil,
- Hochdruckleitungen,
- Injektoren.

Die Hochdruckpumpe wird vom Motor angetrieben. Das Übersetzungsverhältnis ist so zu wählen, dass die Fördermenge ausreicht, um die Mengenbilanz des Systems zu erfüllen. Außerdem sollte die Förderung einspritzsynchron erfolgen, um weitgehend gleiche Druckbedingungen zum Zeitpunkt der Einspritzung zu erreichen. Der von der Hochdruckpumpe verdichtete Kraftstoff wird über die Hochdruckleitung(en) in das Rail gefördert und von dort auf die angeschlossenen Injektoren verteilt. Das Rail hat neben der Speicherfunktion auch die Aufgabe, die maximalen Druckschwingungen zu begrenzen, die durch die pulsierende Pumpenförderung bzw. durch die Kraftstoffentnahme über die Injektoren entstehen, um so die Zumessgenauigkeit der Einspritzung sicherzustellen. Einerseits sollte das Railvolumen möglichst groß sein, um dieser Anforderung gerecht zu werden, andererseits muss es hinreichend klein sein, um einen schnellen Druckaufbau beim Start zu gewährleisten. Das Speichervolumen ist in der Auslegungsphase dahingehend zu optimieren.

Bei Großdieselmotoren ist es aufgrund der großen Einspritzmengen und der damit verbundenen Düsendurchflüsse erforderlich, dass sich das dämpfende Speichervolumen so nahe wie möglich an der Düse befindet, um im Hinblick auf die Mengentoleranz und die Bauteilbelastung die Druckspitzen zu minimieren. Weiterhin ist es oftmals schwierig, ein separates Rail mit der erforderlichen Baugröße am Motor zu installieren. Durch Integration der erforderlichen Hockdruckvolumina in Hochdruckpumpe und Injektor können diese Probleme umgangen werden, beide Komponenten sind dann direkt über Hochdruckleitungen miteinander verbunden. Ein weiterer Vorteil dieser Ausführung ergibt sich dadurch, dass Baureihen eines Motortyps mit unterschiedlichen Zylinderzahlen mit geringem Aufwand modular dargestellt werden können und außerdem keine Railvarianten erforderlich sind. Der Systemaufbau eines modularen Common-Rail-Systems (MCRS) ist in Abb. 2.29 dargestellt.

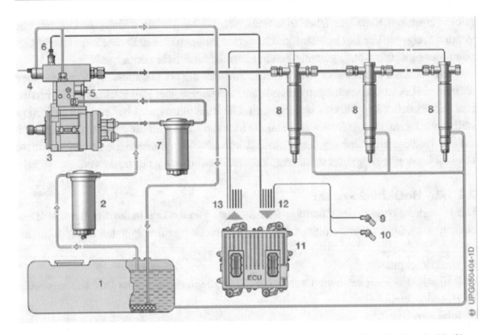

Abb. 2.29 Modulares Common-Rail-System für Großdieselmotoren: 1 = Tank mit Vorfilter; 2 = Kraftstoffvorfilter; 3 = Hochdruckpumpe mit integriertem Hochdruckspeicher und integrierter Vorförderpumpe; 4 = Druckbegrenzungsventil; 5 = Zumesseinheit; 6 = Raildrucksensor; 7 = Kraftstoffhauptfilter; 8 = Injektor; 9 = Kurbelwellen-Drehzahlsensor; 10 = Nockenwellen-Positionssensor; 11 = Steuergerät; 12 = Eingänge für die Sensoren; 13 = Ausgänge für die Aktoren

Bei Motoren, die von einem kanten- bzw. magnetventilgesteuerten Einzelpumpensystem auf ein Common-Rail-System umgerüstet werden, können anstelle einer Hochdruckpumpe auch Einzylinder-Steckpumpen zur Anwendung kommen. Die Steckpumpe kann dabei über den Nockenantrieb der konventionellen Pumpe (Motornockenwelle) angetrieben werden. Zumesseinheit, Überströmventil und Nullförderdrossel, die sonst in der Hochdruckpumpe integriert sind, müssen dann in einem separaten Bauteil, der Kraftstoffregeleinheit (FCU, Fuel Control Unit), zusammengefasst werden. Derartige Systeme werden in 1- und 2-Zylindermotoren indischer Fahrzeuge des Niedrigpreissegments [6, 7], in Nutzfahrzeugen [8, 9] und Großdieselmotoren [10] eingesetzt. Beim MCRS wird aber wieder nur der erste Injektor an den Hochdruckspeicher angeschlossen, Abb. 2.30.

Hochdruckpumpe und Injektoren sind mit dem Rail über Hochdruckleitungen verbunden. Diese müssen dem maximalen Systemdruck und den zum Teil sehr hochfrequenten Druckschwankungen standhalten. Sie bestehen aus nahtlosen Präzisionsstahlrohren, die für sehr hohe Festigkeitsansprüche auch autofrettiert werden können. Aufgrund von Drosselverlusten und Kompressionseffekten beeinflussen Querschnitt und Leitungslänge den Einspritzdruck und die -menge. Daher müssen die Leitungen zwischen Rail und Injektor gleich lang und so kurz wie möglich gehalten werden.

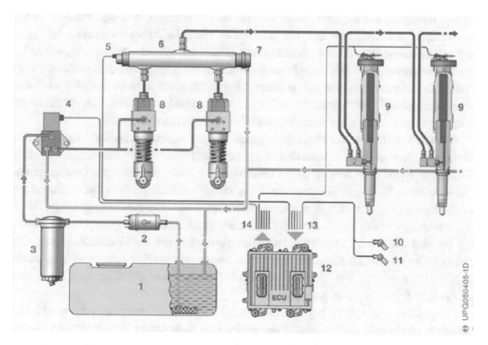

Abb. 2.30 Modulares Common-Rail-System für mittelschnell laufende Großdieselmotoren mit Einzylinder-Steckpumpen: 1 = Tank mit Vorfilter; 2 = Förderpumpe; 3 = Kraftstofffilter; 4 = Fuel Control Unit (FCU); 5 = Raildrucksensor; 6 = Pumpenspeicher; 7 = Druckbegrenzungsventil; 8 = Hochdruckpumpe; 9 = Injektor; 10 = Kurbelwellen-Drehzahlsensor; 11 = Nockenwellen-Positionssensor; 12 = Steuergerät; 13 = Eingänge für die Sensoren; 14 = Ausgänge für die Aktoren

Die durch die Einspritzung entstehenden Druckwellen breiten sich in den Leitungen mit Schallgeschwindigkeit aus und werden an den Enden reflektiert. Dadurch beeinflussen sich dicht aufeinanderfolgende Einspritzungen (z. B. Vor- und Haupteinspritzung) gegenseitig, was sich negativ auf die Zumessgenauigkeit auswirken kann. Weiterhin führen die Druckwellen zu einer erhöhten Injektorbelastung. Durch Einbau optimierter Drosseln in den Anschluss am Rail lassen sich diese Druckwellen deutlich reduzieren. Der Effekt auf die Zumessgenauigkeit wird bei Festlegung der Kennfelder oder durch eine entsprechende Software-Funktion ausgeglichen. Beim modularen Common-Rail-System für Großdieselmotoren sind die Drosseln im Injektorspeicher-Zulauf angebracht, um die Beeinflussung der Einspritzung aufgrund der Druckpulsationen der Pumpenförderungen oder der Einspritzungen von Nachbarinjektoren zu minimieren. Das ist wichtig, da aufgrund von verschiedenen Motorzylinderzahlen einer Baureihe (L6, V8, V10, V12 …) eine einspritzsynchrone Pumpenförderung für alle Zylindervarianten oft nicht realisierbar ist.

Die Hochdruckleitungen werden mit Klemmstücken, die in definierten Abständen angebracht sind, am Motor fixiert. Schwingungen (Motorvibration, Förderimpuls) übertragen sich damit nicht oder nur gedämpft auf Hochdruckleitungen und angeschlossene Komponenten.

Die Injektoren werden über Spannelemente im Zylinderkopf befestigt und durch Kupferdichtscheiben zum Brennraum hin abgedichtet. Hinsichtlich der Verbindung des Injektors mit dem Rail bzw. dem Niederdruckkreis (Rücklauf) gibt es verschiedene, an das jeweilige Motorkonzept angepasste Bauarten. Für Pkw und Light-Duty-Anwendungen wird der Hochdruckanschluss über einen integrierten Druckrohrstutzen (Dichtkegel an Hochdruckleitung und Überwurfmutter) realisiert. Der Rücklauf erfolgt über eine Steckverbindung am Kopf des Injektors oder ebenfalls über einen Schraubanschluss.

Bei Motoren für schwere Nutzfahrzeuge und Großmotoren werden die entsprechenden Verbindungen über interne Anschlüsse hergestellt. Für den Hochdruckanschluss wird als Verbindungsglied zwischen Hochdruckleitung und Injektor ein separater Druckrohrstutzen eingesetzt. Über eine Schraubverbindung im Motorblock wird der Druckrohrstutzen in die kegelförmige Zulaufbohrung des Injektors gedrückt. Die Abdichtung erfolgt durch den Dichtkegel an der Druckrohrspitze. Am anderen Ende ist er über einen konventionellen Druckanschluss mit Dichtkegel und Überwurfmutter mit der Hochdruckleitung verbunden. Der im Druckrohrstutzen eingebaute wartungsfreie Filter hält grobe Verunreinigungen im Kraftstoff zurück. Der elektrische Kontakt des Injektors wird über eine Steck- oder Schraubverbindung hergestellt.

Einspritzzeitpunkt und Einspritzmenge werden über das Steuergerät vorgegeben. Die Menge wird über die Ansteuerdauer der im Injektor eingebauten Aktoren bestimmt, der Einspritzzeitpunkt wird über das Winkel-Zeit-System der Elektronischen Dieselregelung (EDC) gesteuert. Zur Anwendung kommen elektromagnetische und piezoelektrische Aktoren. Die Verwendung von Injektoren mit Piezostellern beschränkt sich heute ausschließlich auf Anwendungen für Pkw und leichte Nfz.

2.3.2 Druckregelung

Als Eingangsgröße zur Druckregelung dient das Signal des Raildrucksensors, mit dem der aktuelle Kraftstoffdruck im Rail ermittelt wird. Zur Druckregelung kommen verschiedene Verfahren zur Anwendung (Abb. 2.31):

2.3.2.1 Hochdruckseitige Regelung
Die ausschließliche Regelung des Systemdrucks auf der Hochdruckseite wurde bei den ersten Common-Rail-Systemen angewandt, wird heute aber aufgrund der zahlreichen Nachteile (permanente Maximalförderung, energetischer Wirkungsgrad, Temperaturproblematik) nur sporadisch, z. B. zur Kraftstofferwärmung, eingesetzt.

2.3.2.2 Saugseitige Regelung
Die Regelung des Raildrucks erfolgt niederdruckseitig über eine an der Hochdruckpumpe angebaute Zumesseinheit oder ein elektrisches Saugventil (eSV, je eines pro Hochdruckelement der Pumpe). Durch die saugseitige Mengenregelung wird nur die Kraftstoffmenge in das Rail gefördert, die notwendig ist, um den geforderten Raildruck aufrechtzuerhalten. Im Vergleich zur hochdruckseitigen Regelung muss weniger Kraftstoff verdichtet

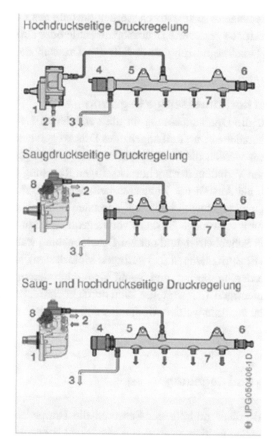

Abb. 2.31 Hochdruckregelung von Common-Rail-Systemen: 1 = Hochdruckpumpe; 2 = Kraftstoffzu-lauf bzw. -rücklauf; 3 = Kraftstoffrücklauf; 4 = Druckregelventil; 5 = Rail; 6 = Raildrucksensor; 7 = Anschlüsse der Injektoren; 8 = Zumesseinheit; 9 = Druckbegrenzungsventil

werden, wodurch sich eine geringere Leistungsaufnahme der Pumpe ergibt. Das wirkt sich einerseits positiv auf den Kraftstoffverbrauch aus, andererseits ist die Temperatur des in den Tank zurücklaufenden Kraftstoffs niedriger. Die ausschließlich saugseitige Regelung wird überwiegend bei Nfz-Systemen und Großmotoren angewandt, ist aber auch bei Pkw-Systemen meistens aktiviert.

Um im Fehlerfall (z. B. Ausfall der Zumesseinheit) einen unzulässigen Druckanstieg zu verhindern, ist am Rail ein Druckbegrenzungsventil angebaut. Übersteigt der Druck einen definierten Wert, wird über einen beweglichen Kolben eine Ablaufbohrung freigegeben. Diese ist so ausgelegt, dass sich über alle Motordrehzahlen hinweg ein Raildruck einstellt, der deutlich unterhalb des maximalen Systemdrucks liegt. Durch diese Notfahrfunktion (Limp-Home-Funktion) wird eine eingeschränkte Weiterfahrt zur nächsten Servicestation ermöglicht – eine Eigenschaft, die insbesondere bei gewerblichen Anwendungen (Transport, Agrar- und Baumaschinen, Stromerzeugung und Marine) außerordentlich wichtig ist.

In Systemen mit leckagelosen Injektoren werden anstelle des passiven Druckbegrenzungsventils auch elektrisch gesteuerte Druckabbauventile oder Druckregelventile eingesetzt, die neben der Druckbegrenzung zusätzlich den Druckabbau im Schubbetrieb ermöglichen.

2.3.2.3 Saug- und hochdruckseitige Regelung

Um die Dynamik für die Druckanpassung an die veränderten Lastbedingungen zu beschleunigen, wird zusätzlich ein am Rail angebautes Druckregelventil verwendet. Mit diesem Zweistellersystem werden die Vorteile der niederdruckseitigen Regelung mit dem günstigen dynamischen Verhalten der hochdruckseitigen Regelung kombiniert. Außer im Notfahrbetrieb (z. B. bei Ausfall der Zumesseinheit) wird, aufgrund der zunehmenden CO_2-Thematik, das Druckregelventil heute bei normalen und hohen Temperaturen nicht mehr zur Druckregelung verwendet. Es dient vorwiegend dem kurzzeitigen Druckabbau beim Übergang in den Schubbetrieb und nur zur Druckregelung während der Schubphase oder bei sehr kleinen Einspritzmengen (bei geringen Motorlasten), sofern die Hochdruckpumpe keine Nullförderung besitzt und somit den minimierten Systembedarf nicht einstellen kann. Bei niedrigen Temperaturen kann durch hochdruckseitige Druckregelung der Kraftstoff schneller erwärmt werden, wodurch auf eine separate Kraftstoffheizung verzichtet werden kann.

2.3.3 Steuerung und Regelung

Das Motorsteuergerät erfasst mithilfe der Sensoren die Fahrpedalstellung (den Fahrerwunsch) und den aktuellen Betriebszustand von Motor und Fahrzeug. Im Steuergerät werden die Eingangssignale ausgewertet und dazu verbrennungssynchron die Ansteuersignale für Zumesseinheit oder Druckregelventil oder beides, die Injektoren sowie für weitere Stellglieder (z. B. Abgasrückführventil) berechnet. Die Elektronische Dieselregelung gewährleistet damit, dass der Kraftstoff in der exakten Menge, zum richtigen Zeitpunkt und mit dem erforderlichen Druck eingespritzt wird. Um Toleranzen von Einspritzsystem und Motor auszugleichen, stehen passende Korrekturfunktionen zur Verfügung. Das Motorsteuergerät besitzt in der Regel nur bis zu acht Endstufen zur Ansteuerung der Injektoren. Für Motoren mit mehr als acht Zylindern werden daher zwei Motorsteuergeräte eingesetzt, die über eine sehr schnelle interne CAN-Schnittstelle im Master-Slave-Verbund gekoppelt sind.

Neben dem Einspritzsystem gehören zum Motorgesamtsystem noch die Luftversorgung, die Abgasrückführung und die Abgasnachbehandlung mit den zugehörigen Sensor- und Steuerelementen. Alle Komponenten eines Vierzylinder-Pkw- bzw. Sechszylinder-Nfz-Dieselmotors mit Common-Rail-System sind in Abb. 2.32 bzw. Abb. 2.33 dargestellt. Je nach Fahrzeugtyp und Einsatzart kommen einzelne Komponenten nicht zur Anwendung. Um eine übersichtlichere Darstellung zu erhalten, sind nur die Sensoren und Sollwertgeber an ihrem Einbauort dargestellt, deren Einbauposition zum Verständnis der Anlage notwendig ist.

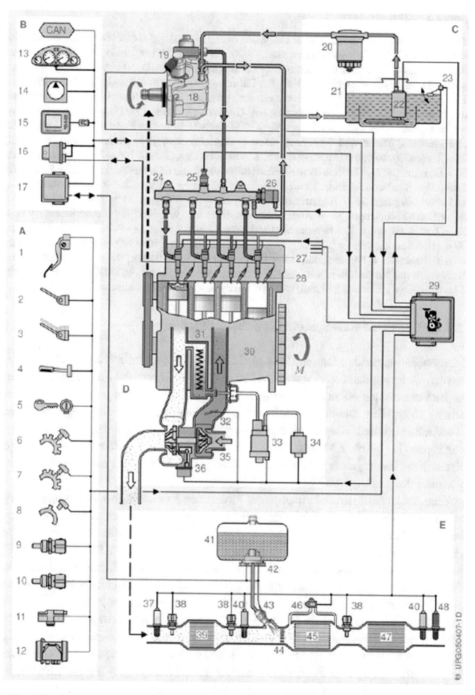

Abb. 2.32 Pkw-System: Motor, Motorsteuerung, Hochdruck-Einspritzkomponenten und Abgas-nachbehandlung. **A Sensoren und Sollwertgeber**: 1 = Fahrpedalsensor; 2 = Kupplungsschalter;

(Fortsetzung)

Abb. 2.32 (Fortsetzung)

3 = Bremskontakte; 4 = Bedienteil für Fahrgeschwindigkeitsregler; 5 = Glüh-Start-Schalter („Zünd-schloss"); 6 = Fahrgeschwindigkeitssensor; 7 = Kurbelwellen-Drehzahlsensor; 8 = Nockenwellen-Positionssensor; 9 = Motortemperatursensor (im Kühlmittelkreislauf); 10 = Ansauglufttemperatur-sensor; 11 = Ladedrucksensor; 12 = Heißfilm-Luftmassenmesser (für Ansaugluft). **B Schnittstellen**: 13 = Kombiinstrument mit Anzeige von Kraftstoffverbrauch, Drehzahl usw.; 14 = Klimakompressor mit Bedienteil; 15 = Diagnoseschnittstelle; 16 = Glühzeitsteuergerät; 17 = Dosing Control Unit (Do-siersteuergerät); CAN = Controller Area Network (serieller Datenbus im Kraftfahrzeug). **Hochdruck-komponenten, Motor und Steuerung**: 18 = Hochdruckpumpe; 19 = Zumesseinheit; 24 = Rail; 25 = Raildrucksensor; 26 = Druckregelventil; 27 = Injektor; 28 = Glühstiftkerze; 2 = Motorsteuergerät; 30 = Dieselmotor; *M* = Drehmoment. **C Kraftstoffversorgung (Niederdruckteil)**: 20 = Kraftstoff-filter; 21 = Kraftstoffbehälter; 22 = Elektrokraftstoffpumpe mit Vorfilter; 23 = Füllstandsensor. **D Luftversorgung**: 31 = Abgasrückführkühler; 32 = Regelklappe; 33 = Abgasrückführsteller; 34 = Unterdruckpumpe; 35 = Abgasturbolader (hier mit variabler Turbinengeometrie, VTG); 36 = Ladedrucksteller. **E Abgasnachbehandlung**: 37 = λ-Sonde; 38 = Abgastemperatursensor; 39 = Oxidationskatalysator (optional: NO_x-Speicherkatalysator); 40 = NO_x-Sensor; 41 = Redukti-onsmitteltank; 42 = Fördermodul; 43 = Dosiermodul; 44 = Mischer; 45 = SCR@DPF (SCR-Katalysator mit Partikelfilter SCR: selektive katalytische Reduktion); 46 = Differenzdrucksensor; 47 = SCR-Katalysator mit Ammoniakschlupf-Katalysator; 48 = Partikelsensor

2.3.4   Common-Rail-System für Schwerölbetrieb

Mittelschnell laufende Motoren (Motordrehzahl 450 … 1400 min^{-1}) für Schiffsantriebe werden häufig mit Schweröl (Viskosität: 700 cSt bei 50 °C) betrieben, das aufgrund seiner hohen Viskosität auf bis zu 160 °C aufgeheizt werden muss, um eine gute Kraftstoffaufbe-reitung zu erzielen. Die hohen Kraftstofftemperaturen und -verunreinigungen bedingen Werkstoffe und Baukonzepte, mit denen die geforderten hohen Standzeiten erreicht wer-den können [11]. Abb. 2.34 zeigt ein modulares Common-Rail-System für Schweröl. Die Kraftstoffversorgungsanlage ist mit einer Heizung (3, elektrisch oder mit Dampf) zur Vor-wärmung des Kraftstoffs auf bis zu 160 °C versehen.

Eine Niederdruck-Kraftstoffpumpe (2) fördert den Kraftstoff über elektromagnetisch angesteuerte Drosselventile (Zumesseinheit, ein Proportionalmagnet wirkt auf ein feder-belastetes Schieberventil mit hubabhängigem Durchflussquerschnitt, über den die Pumpenfördermenge festgelegt wird) zu den Hochdruckpumpen (5). Die vom Motor an-getriebenen Hochdruckpumpen fördern den auf Systemdruck verdichteten Kraftstoff in den Pumpenspeicher (7), an dem auch der Raildrucksensor (6) angebracht ist. Durch den zwischen Pumpen und Speichereinheiten verbauten Pumpenspeicher können die dynami-schen Druckschwingungen im Hochdrucksystem niedrig gehalten werden. Die in Serie geschalteten Speichereinheiten (9) bestehen aus einem massiven Rohrteil, das stirnseitig durch Deckel verschlossen ist. Die Speicherdeckel enthalten neben den Leitungsanschlüs-sen zur nächsten Speichereinheit bzw. zu den Einspritzdüsen (11) jeweils eine Ventil-gruppe mit einem 3/2-Wegeventil (8), über das die Einspritzmenge zugemessen wird. Das Ventil wird über ein vom Steuergerät (17) angesteuertes Magnetventil geschaltet. Im Zu-lauf zur Ventilgruppe ist ein Durchflussbegrenzer (10) eingebaut, der im Fehlerfall (Lei-tungsbruch, Klemmen der Düsennadel) eine Dauereinspritzung verhindert. Ein unzuläss-i-

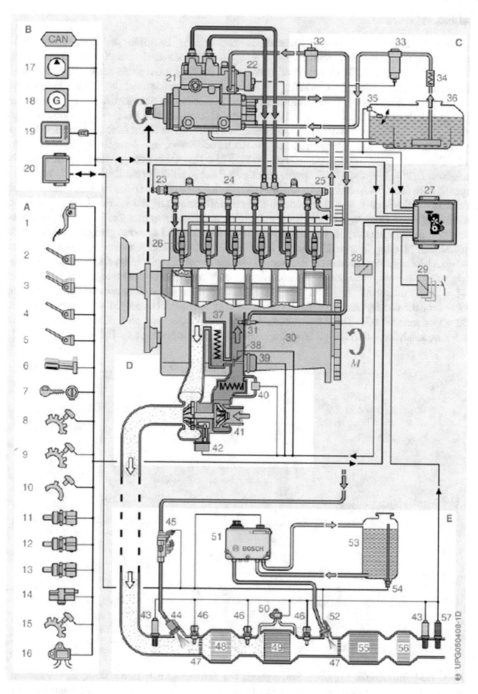

Abb. 2.33 Nfz-System: Motor, Motorsteuerung, Hochdruck-Einspritzkomponenten und Abgasnachbehandlung. **A Sensoren und Sollwertgeber**: 1 = Fahrpedalsensor; 2 = Kupplungsschalter; 3 = Bremskontakte; 4 = Motorbremskontakt; 5 = Feststellbremskontakt; 6 = Bedienschalter

(Fortsetzung)

Abb. 2.33   (Fortsetzung)

(z. B. Fahrgeschwindigkeitsregler, Zwischendrehzahlregelung, Drehzahl- und Drehmomentreduktion); 7 = Start-Schalter („Zündschloss"); 8 = Turbolader-Drehzahlsensor; 9 = Kurbelwellen-Drehzahlsensor; 10 = Nockenwellen-Positionssensor; 11 = Kraftstofftemperatursensor; 12 = Motortemperatursensor (im Kühlmittelkreislauf); 13 = Ladelufttemperatursensor; 14 = Ladedrucksensor; 15 = Lüfterdrehzahlsensor; 16 = Luftfilter-Differenzdrucksensor. **B Schnittstellen**: 17 = Klimakompressor mit Bedienteil; 18 = Generator; 19 = Diagnoseschnittstelle; 20 = Dosing Control Unit (Dosiersteuergerät); CAN = Controller Area Network (serieller Datenbus im Kraftfahrzeug). **Hochdruckkomponenten, Motor und Steuerung**: 21 = Hochdruckpumpe mit integrierter Zahnradpumpe; 22 = Zumesseinheit; 23 = Raildrucksensor; 24 = Rail; 25 = Druckbegrenzungsventil (alternativ: Druckregelventil); 26 = Injektor; 27 =Motorsteuergerät ; 28 = Relais für Flammstartkerze; 29 = Zusatzaggregate (z. B. Retarder, Auspuffklappe für Motorbremse, Starter, Lüfter); 30 = Dieselmotor; 31 = Flammkerze (alternativ Grid-Heater); M = Drehmoment. **C Kraftstoffversorgung (Niederdruckteil)**: 32 = Kraftstoffeinfilter mit Drucksensor; 33 = Kraftstoffvorfilter mit Wasserstandssensor; 34 = Steuergerätekühler; 35 = Füllstandssensor; 36 = Kraftstoffbehälter mit Vorfilter. **D Luftversorgung**: 37 = Abgasrückführkühler; 38 = Regelklappe; 39 = Abgasrückführsteller mit Abgasrückführventil und Positionssensor; 40 = Ladeluftkühler mit Bypass für Kaltstart; 41 = Abgasturbolader (hier mit variabler Turbinengeometrie VTG) mit Positionssensor; 42 = Ladedrucksteller. **E Abgasnachbehandlung**: 43 = NO_x-Sensor; 44 = HC-Dosiermodul; 45 = HC-Einspritzeinheit; 46 = Abgastemperatursensor; 47 = Mischer; 48 = Oxidationskatalysator; 49 = Partikelfilter; 50 = Differenzdrucksensor; 51 = Versorgungsmodul; 52 = Dosiermodul; 53 = Reduktionsmitteltank; 54 = Füllstandssensor; 55 = SCR-Katalysator (SCR: selektive katalytische Reduktion); 56 = Ammoniak-Schlupf-Katalysator; 57 = Partikelsensor

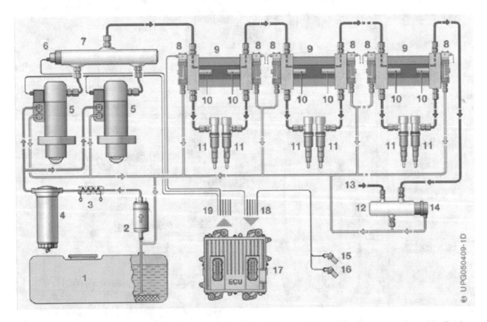

Abb. 2.34 Modulares Common-Rail-System für Schweröl: 1 = Tanksystem; 2 = Vorförderpumpe; 3 = beheizte Leitungen; 4 = Kraftstofffilter; 5 = Hochdruckpumpe mit Zumesseinheit; 6 = Raildrucksensor; 7 = Pumpenspeicher; 8 = Ventil (3/2-Wegeventil); 9 = Speichereinheit; 10 = Durchflussbegrenzer; 11 = mechanische Düsenhalterkombination; 12 = Spülventil; 13 = Luft; 14 = Druckbegrenzungsventil; 15 = Kurbelwellen-Drehzahlsensor; 16 = Nockenwellen-Positionssensor; 17 = Steuergerät; 18 = Eingänge für die Sensoren; 19 = Ausgänge für die Aktoren

ger Druckanstieg wird durch das am Spülventil (12) angebaute Druckbegrenzungsventil (14) verhindert. Hochdruckleitungen und Speichereinheiten sind doppelwandig ausgeführt, sodass bei Leckagen kein Kraftstoff nach außen gelangen kann.

Um eine vollständige Entlüftung des Einspritzsystems zu gewährleisten, erfolgt die Erstbefüllung am Motor mit Dieselkraftstoff. Vor Inbetriebnahme des Motors wird die Kraftstoffversorgungsanlage über eine Spüleinrichtung mit vorgewärmtem Schweröl befüllt. Dazu wird das Spülventil (12) pneumatisch geöffnet und das Schweröl über die Vorförderpumpe (2) im Kreislauf durch das Kraftstoffsystem gepumpt, bis die Einspritzanlage ausreichend erwärmt ist und der Motor (nach Schließen des Spülventils) gestartet werden kann. Im Fall einer längeren Stilllegung des Motors (z. B. Servicearbeiten) wird vor dem Abstellen für einen kurzen Zeitraum auf Dieselbetrieb umgeschaltet. Dadurch wird das im Einspritzsystem befindliche Schweröl verbraucht und das System mit dünnflüssigem Dieselöl gefüllt. Das Spülventil dient dann auch zur Druckentlastung der Einspritzanlage.

Literatur

1. Mahr, B.; Polach, W.; Dürnholz, M.; Grieshaber, H.: Einspritzverlaufsformung beim Nkw-Dieselmotor, 21. Wiener Motorensymposium (2000)
2. Wintrich, T.; Krüger, M.; Naber, D.; Zeh, D.; Uhr, C.; Köhler, D.; Hinrichsen, C.: Bosch Common Rail Solutions for High Performance Diesel Power Train, 25. Aachener Kolloquium Fahrzeug- und Motorentechnik (2016)
3. Leonhard, R.; Parche, M.; Alvarez-Avila, C.; Krauß, J.; Rosenau, B.: Pressure-Amplified Common Rail System for Commercial Vehicles. MTZ 70, 10–15 (2009)
4. Reif, K. (Hrsg.): Klassische Diesel-Einspritzsysteme, 1. Aufl., Springer Vieweg+Teubner, Wiesbaden (2012)
5. Schmid, L.; Lengenfelder, T.; Sassen, K.; Sommerer, A.: CO_2 Optimierung des Common-Rail Einspritzsystems für Nutzfahrzeugmotoren. In: Liebl, J.; Beidl, C. (Hrsg). Proceedings Internationaler Motorenkongress 2015, S. 653–668. Springer Vieweg, Wiesbaden (2015)
6. Baskaran; Boecking, F.; Dürnholz, M.; Ashwin; Vinod; Anthony, G.: Low Cost & Efficient Common Rail for LPV Market, 22. Aachener Kolloquium für Fahrzeug- und Motorentechnik, S. 859–870, Aachen (2013)
7. Raff, M.; Hammer, J.; Naber, D.; Zeh, D.: Bosch Diesel Fuel Injection System – with Modularity from Entry-Up to High-End Segment, In: Tschöke H. (Hrsg.) Proceedings 9. Tagung Diesel- und Benzindirekteinspritzung 2014, S. 1–15. Springer Vieweg, Wiesbaden (2015)
8. Feuser, W.; Lingens, A.; Bülte, H.; Münch, K.: Evolution der Deutz-Medium Duty Plattform für zukünftige weltweite Emissionsanforderungen. 12. Aachener Kolloquium für Fahrzeug- und Motorentechnik, S. 309–326, Aachen (2003)
9. Münch, K.-U.; Vogel, A.: Validierung des Simulationsmodells eines Common Rail Injektors durch experimentelle Bestimmung von hydraulischen Parametern, Proceedings Spray 2006, Lampertshausen (2006)
10. Kendlbacher, C.; Sassen, K.; Lengenfelder, T.; Blatterer, D.; Bernhaupt, M.: Einspritztechnik für Schiffsdieselmotoren, 6. Internationale MTZ-Fachtagung Heavy-Duty-, On- und Off-Highway-Motoren (2011)
11. Kendlbacher, C.; Blatterer, D.; Bernhaupt, M.: Injection Technology for Marine Diesel Engines. MTZ Industrial, 44–48 (2012)

Hochdruckkomponenten des Common-Rail-Systems für Pkw- und Nfz-Dieselmotoren

3

Christoffer Uhr, Dietmar Zeh, Andreas Rettich,
Helmut Sommariva, Uwe Gordon, Gerd Lösch,
Michael Stengele, Tomáš Kománek, Helmut Gießauf,
Peter Haider, Christoph Kendlbacher, Johannes Schnedt,
Adil Okumuşoğlu, Herbert Lederhilger, Mario Stasjuk
und Ulrich Projahn

3.1 Übersicht

Die verschiedenen Generationen von Bosch-Common-Rail-Systemen lassen sich hinsichtlich Druck, Anwendung sowie nach Bauart von Injektor und Hochdruckpumpe unterscheiden (Tab. 3.1).

C. Uhr · D. Zeh · A. Rettich · G. Lösch · M. Stengele · U. Projahn (✉)
Robert Bosch GmbH, Stuttgart, Deutschland
E-Mail: Ulrich.Projahn@de.bosch.com

H. Sommariva · H. Lederhilger · M. Stasjuk
Robert Bosch AG, Linz, Österreich

U. Gordon
Centro Studi Componenti per Veicoli S.p.A., Modugno, Italien

T. Kománek
Bosch Diesel s.r.o, Jihlava, Tschechien

H. Gießauf · P. Haider · C. Kendlbacher · J. Schnedt
Robert Bosch AG, Hallein, Österreich

A. Okumuşoğlu
Bosch san. Ve Tic. A.S., Bursa, Türkei

© Springer Fachmedien Wiesbaden GmbH, ein Teil von Springer Nature 2023
K. Reif (Hrsg.), *Einspritzsysteme für Dieselmotoren*, Motorsteuerung lernen,
https://doi.org/10.1007/978-3-658-38724-2_3

Tab. 3.1 Übersicht Generationen des Bosch-Common-Rail-Systems

CR-Generation	Max. Druck	Bauart Injektor	Bauart Hochdruckpumpe
CRS1 Pkw, kleine Nfz	1450 bar 1600 bar 1800 bar	Magnetventil mit druckbelastetem Kugelventil	Radial (kraftstoffgeschmiert), Reihe (ölgeschmiert), Steckpumpe (ölgeschmiert),
CRS2 Pkw, kleine Nfz	1800 bar 2000 bar 2200 bar	Magnetventil mit druckausgeglichenem Ventil	Radial (kraftstoffgeschmiert)
CRS3 Pkw, kleine Nfz	2000 bar 2200 bar 2500 bar	Piezoaktor	Radial (kraftstoffgeschmiert)
CRSN2 Nfz	1600 bar	Magnetventil mit druckbelastetem Kugelventil	Radial (kraftstoffgeschmiert), Reihe (ölgeschmiert), Steckpumpe (Typ PF45)
CRSN3 Nfz	1800 bar 2000 bar	Magnetventil mit druckbelastetem Kugelventil	Radial (kraftstoffgeschmiert), Reihe (ölgeschmiert), Reihe (kraftstoffgeschmiert), Steckpumpe (Typ PF45)
	2200 bar 2500 bar		Reihe (kraftstoffgeschmiert)
CRSN4 Nfz	2100 bar 2700 bar	Magnetventile mit druckausgeglichenem Ventil	Reihe (kraftstoffgeschmiert)

3.2 Injektoren

Common-Rail-Injektoren werden für Pkw- und Nfz-Systeme (Abb. 3.1) mit gleicher Grundfunktion eingesetzt. Der Injektor besteht primär aus Einspritzdüse, Haltekörper, Steuerventil und Steuerraum. Der Steller des Steuerventils wird als Magnet- oder Piezoaktor ausgeführt. Beide Steller ermöglichen eine Mehrfacheinspritzung. Die Vorteile des Piezoaktors mit seiner großen Schaltkraft und seiner kurzen Schaltzeit lassen sich nutzen, wenn das Injektordesign darauf optimiert wurde.

Beim Common-Rail-Dieseleinspritzsystem sind die Injektoren über kurze Hochdruck-Kraftstoffleitungen mit dem Rail verbunden. Die Injektoren werden über Spannelemente im Zylinderkopf angebracht, die Abdichtung zum Brennraum erfolgt über eine metallische Dichtscheibe. Die Common-Rail-Injektoren sind je nach Ausführung der Einspritzdüsen für den Gerade- oder Schrägeinbau in Dieselmotoren mit Direkteinspritzung geeignet.

Die Charakteristik des Systems ist die von der Motordrehzahl unabhängige Erzeugung von Einspritzdruck und Bereitstellung der Einspritzmenge. Spritzbeginn und Einspritzmenge werden mit dem elektrisch ansteuerbaren Injektor gesteuert. Der Einspritzzeitpunkt wird über das Winkel-Zeit-System der Elektronischen Dieselregelung (EDC) gesteuert. Hierzu sind an der Kurbelwelle und zur Zylindererkennung (Phasenerkennung) an der Nockenwelle je ein Sensor notwendig.

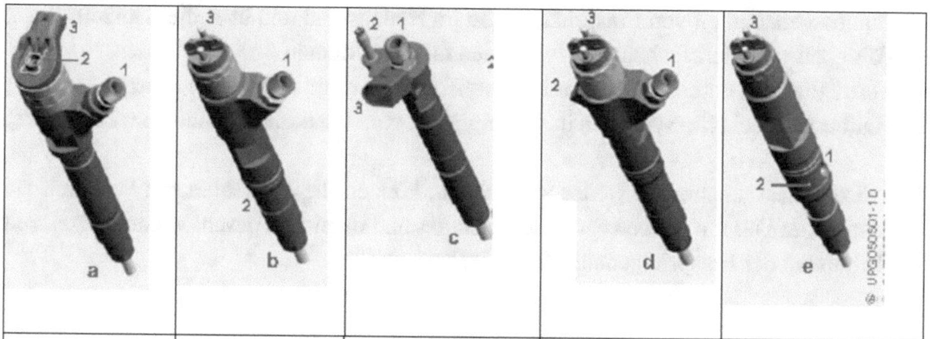

Typ	Anwendung	Bauart	Zulauf	Rücklauf
a	Pkw	Magnetventil	Schraubanschluss	Steckanschluss
b	leichte und mittlere Nfw	Magnetventil	Schraubanschluss	durch Zylinderkopf
c	Pkw	Piezoaktor	Schraubanschluss	Steckanschluss
d	leichte und mittlere Nfw	Magnetventil	Schraubanschluss	Schraubanschluss
e	Schwere Nfw	Magnetventil	Druckrohrstutzen	durch Zylinderkopf

Abb. 3.1 Bauarten von Common-Rail-Injektoren mit unterschiedlichen Zu- und Rücklaufkonfigurationen sowie Steckerverbindungen: 1 = Hochdruckanschluss; 2 = Rücklauf; 3 = elektrischer Anschluss

Derzeit sind drei verschiedene Injektortypen im Serieneinsatz:

- Magnetventil-Injektor mit druckbelastetem Kugelventil und zweiteiligem Anker,
- Magnetventil-Injektor mit druckausgeglichenem Ventil und einteiligem Anker,
- Injektor mit Piezoaktor.

Die Entscheidung, welche Ventiltechnik zum Einsatz kommt, hängt von unterschiedlichen Faktoren ab. Zum aktuellen Stand der Technik können sowohl mit Magnetventil- als auch mit Piezo-Injektoren vergleichbare Ergebnisse erzielt werden. Zu berücksichtigen ist, dass mit einem Piezoaktor aufgrund der größeren zur Verfügung stehenden Kräfte eine stabilere Schaltkette Aktor – Düsennadel aufgebaut werden kann. Die Piezotechnik hat aber im Gegenzug höhere Herstellkosten und erfordert mehr Aufwand für die Ansteuerung im Steuergerät. Für Nfz-Systeme ist die Zuordnung zu den Anwendungsklassen (leichte, mittlere und schwere Nfz, Off-Road-Anwendungen) und der damit verbundenen Belastung wesentlich. Bei der Auslegung und der Konstruktion von Injektoren, wie auch bei der Auswahl für Motoren, spielen folgende Kriterien eine entscheidende Rolle:

- maximaler Einspritzdruck,
- Fähigkeit, kleine Einspritzmengen (auch über die Laufzeit) stabil darzustellen,

- Zumessgenauigkeit von Einspritzmengen im Neuzustand und über die Laufzeit,
- Fähigkeit von Mehrfacheinspritzszenarien mit sehr kleinen Spritzabständen,
- Verträglichkeit unterschiedlicher Kraftstoffqualitäten für weltweiten Einsatz,
- Haltbarkeit (bei Nfz-Systemen in Abhängigkeit vom Lastkollektiv und vom Zielmarkt).

Um die Zumessgenauigkeit weiter zu erhöhen, können die Injektoren mit Sensoren zur Erfassung der Düsennadelbewegung ausgestattet und damit ein geschlossener Regelkreis zur Erhöhung der Einspritzgenauigkeit aufgebaut werden.

3.2.1 Magnetventil-Injektoren

3.2.1.1 Aufbau
Der Magnetventil-Injektor (MV-Injektor) kann in verschiedene Funktionsgruppen aufgeteilt werden (Abb. 3.2): die Einspritzdüse (10), das hydraulische Servoventil zur Betätigung des Ventilkolbens (6, 12, 14, 15), die Düsennadel (16) sowie das Magnetventil (2, 3, 4, 11). Die folgenden Abschnitte beschreiben die Funktion des Magnetventil-Injektors im Detail. Der Kraftstoff wird vom Hochdruckanschluss (Abb. 3.2, Pos. 13) über eine Zulaufbohrung zur Einspritzdüse sowie über die Zulaufdrossel (14) in den Ventilsteuerraum (6) geführt. Der Ventilsteuerraum ist über die Ablaufdrossel (12), die durch das Magnetventil geöffnet werden kann, mit dem Kraftstoffrücklauf (1) verbunden.

3.2.1.2 Arbeitsweise
Die Funktion des Injektors lässt sich in vier Betriebszustände bei laufendem Motor und fördernder Hochdruckpumpe unterteilen. Diese Betriebszustände stellen sich durch die Kräfteverteilung an den Komponenten des Injektors ein. Bei stehendem Motor und fehlendem Druck im Rail schließt die Düsenfeder (7) die Düse. Alle Pkw-MV-Injektoren haben an der Magnetgruppe einen hydraulischen Anschluss für den Rücklauf in das Niederdrucksystem. Bei Nfz-MV-Injektoren sind auch konstruktive Lösungen mit Rücklaufanschluss am Injektorkörper im Einsatz (Abb. 3.1). Die Rücklaufmenge setzt sich aus der Steuermenge (nur während das Ventil geöffnet ist) und der permanenten Leckage zusammen. Beiträge zur Leckage können das MV (nur bei druckausgeglichenen Ventilen), die Führung an der Düse und die Führung am Ventilkolben liefern.

3.2.1.3 Düse geschlossen (Ruhezustand)
Das Magnetventil ist im Ruhezustand nicht angesteuert (Abb. 3.2a). Durch die Kraft der Magnetventilfeder (11) schließt das Magnetventil am Ventilsitz (5) und verhindert damit den Durchfluss durch die Ablaufdrossel (12). Im Ventilsteuerraum (6) baut sich der Hochdruck des Rails auf. Derselbe Druck steht auch im Kammervolumen (9) der Düse an. Die durch den Raildruck auf die Stirnfläche des Ventilkolbens (15) ausgeübte Kraft und die Kraft der Düsenfeder (7) halten die Düsennadel gegen die öffnende Kraft, die an der Druckschulter (8) angreift, geschlossen.

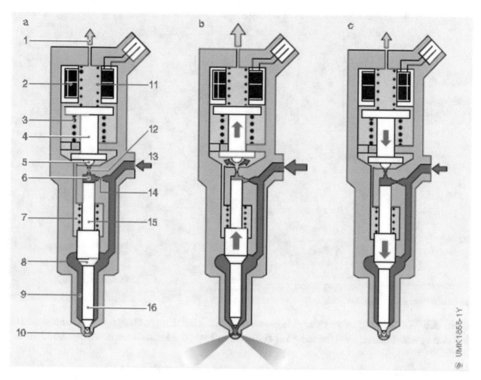

Abb. 3.2 Funktionsprinzip des Magnetventil-Injektors (schematische Darstellung): **a** Düse geschlossen (Ruhezustand), **b** Düse geöffnet (Einspritzung), **c** Düse schließt (Einspritzende). 1 = Kraftstoffrücklauf; 2 = Magnetspule; 3 = Überhubfeder; 4 = Magnetanker; 5 = Ventilsitz; 6 = Ventilsteuerraum; 7 = Düsenfeder; 8 = Druckschulter der Düsennadel; 9 = Kammervolumen der Einspritzdüse; 10 = Düsenkörpersitz mit Spritzlöchern; 11 = Magnetventilfeder; 12 = Ablaufdrossel; 13 = Hochdruckanschluss; 14 = Zulaufdrossel; 15 = Ventilkolben; 16 = Düsennadel der Einspritzdüse

3.2.1.4 Düse öffnet (Einspritzbeginn)

Während der Öffnungsphase (Abb. 3.2b) der Ansteuerung übersteigt die magnetische Kraft des Elektromagneten die Federkraft der Magnetventilfeder. In der darauffolgenden Anzugsstromphase öffnet der Magnetanker das Ventil vollständig. Damit wird der Durchfluss durch die Ablaufdrossel freigegeben. Das schnelle Öffnen des Magnetventils und die erforderlichen kurzen Schaltzeiten lassen sich durch eine entsprechende Auslegung der Ansteuerung der Magnetventile im Steuergerät mit hohen Spannungen und Strömen erreichen (Abb. 3.3). Nach kurzer Zeit wird der erhöhte Anzugsstrom auf einen geringeren Haltestrom reduziert. Mit dem Öffnen der Ablaufdrossel kann nun Kraftstoff aus dem Ventilsteuerraum in den Magnetankerraum und über den Kraftstoffrücklauf zum Kraftstofftank abfließen. Der Druck im Ventilsteuerraum (6) sinkt ab. Über die Zulaufdrossel strömt kontinuierlich Kraftstoff in den Ventilsteuerraum nach. Die Auslegung der Durchflüsse von Ablauf- und Zulaufdrossel ist an die Dynamik (und damit an die Schaltzeiten) des Magnetventils angepasst. Der Druck an der Düsennadel bleibt auf Raildruckniveau,

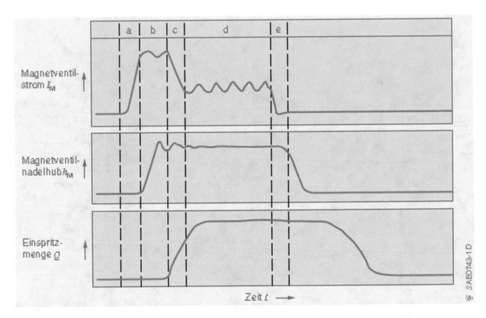

Abb. 3.3 Ansteuersequenzen der Magnetventile für eine Einspritzung: a = Öffnungsphase; b = Anzugsstromphase; c = Übergang zur Haltestromphase; d = Haltestromphase; e = Abschalten

der verringerte Druck im Ventilsteuerraum bewirkt eine verringerte Kraft auf den Steuerkolben und führt zum Öffnen der Düsennadel. Die Öffnungsgeschwindigkeit der Düsennadel wird dabei vom Durchflussunterschied zwischen der Zu- und der Ablaufdrossel bestimmt. Die Einspritzung beginnt.

3.2.1.5 Düse geöffnet

Der Kraftstoff wird mit einem Druck, der annähernd gleich dem Druck im Rail ist, in den Brennraum eingespritzt. Die Kräfteverteilung im Injektor ist ähnlich der Kräfteverteilung während der Öffnungsphase. Die eingespritzte Kraftstoffmenge ist bei gegebenem Raildruck proportional zur Einschaltzeit des Magnetventils und unabhängig von der Motor- oder Pumpendrehzahl.

3.2.1.6 Düse schließt (Einspritzende)

Bei nicht mehr angesteuertem Magnetventil drückt die Magnetventilfeder den Magnetanker nach unten, schließt den Ventilsitz und stoppt somit den Durchfluss durch die Ablaufdrossel (Abb. 3.2c). Durch das Verschließen der Ablaufdrossel baut sich im Steuerraum über den Zufluss der Zulaufdrossel wieder ein Druck wie im Rail auf. Dieser erhöhte Druck übt eine erhöhte Kraft auf den Steuerkolben aus. Diese Kraft aus dem Ventilsteuerraum und die Kraft der Düsenfeder überschreiten nun die entgegengesetzt wirkende Kraft auf die Düsennadel und die Düsennadel schließt. Der Durchfluss der Zulaufdrossel bestimmt die Schließgeschwindigkeit der Düsennadel. Die Einspritzung endet, wenn die Düsennadel den Düsenkörpersitz wieder erreicht und somit die Spritzlöcher verschließt.

Die indirekte Ansteuerung der Düsennadel über ein hydraulisches Kraftverstärkersystem wird eingesetzt, weil die für ein schnelles Öffnen der Düsennadel benötigten Kräfte mit dem Magnetaktor nicht direkt erzeugt werden können. Die dabei zusätzlich zur eingespritzten Kraftstoffmenge benötigte Steuermenge gelangt über die Drosseln des Ventilsteuerraums in den Kraftstoffrücklauf. Innerhalb eines Einspritzzyklus sind bis zu zehn Einspritzimpulse (Mehrfacheinspritzungen) möglich (Voreinspritzung, Haupteinspritzung, Nacheinspritzung). Der minimal mögliche zeitliche Abstand beträgt ca. 150 µs.

3.2.1.7 Ansteuerung Magnetventil-Injektor

Die Ansteuerung des Magnetventils wird in fünf Phasen unterteilt (Abb. 3.3 und 3.4; die folgenden Angaben gelten für Injektoren mit druckbelastetem Kugelventil, bei druckausgeglichenen Ventilen sind kleinere Werte ausreichend). Zum Öffnen des Magnetventils muss zunächst der Strom mit einer steilen, genau definierten Flanke auf bis zu 25 A ansteigen (Öffnungsphase), um eine geringe Toleranz und eine hohe Reproduzierbarkeit (Wiederholgenauigkeit) der Einspritzmenge zu erzielen. Dies erreicht man mit einer Boosterspannung von bis zu 55 V. Sie wird im Steuergerät erzeugt und in einem Kondensator (Boosterkondensator) gespeichert. Durch das Anlegen dieser hohen Spannung an das Magnetventil steigt der Strom um ein Mehrfaches steiler an als beim Anlegen der Batteriespannung.

Um das schnelle Öffnen zu unterstützen, wird das Magnetventil anschließend (während der Anzugsstromphase) über die Batteriespannung versorgt, wobei der Anzugsstrom durch eine Stromregelung auf ca. 20 A begrenzt wird. Nachdem das Magnetventil geöffnet ist, wird der Strom (während der Haltestromphase) auf ca. 13 A abgesenkt, um die Verlustleistung im Steuergerät und im Injektor zu verringern. Beim Absenken des Anzugsstroms auf Haltestromniveau wird, ebenso wie beim Schließen des Magnetventils (Abschalten), Energie frei, die dem Boosterkondensator zugeführt wird.

Das Nachladen des Boosterkondensators geschieht über einen im Steuergerät integrierten Hochsetzsteller (Abb. 3.4f). Bereits zu Beginn der Anzugsphase wird die in der Öffnungsphase entnommene Energie nachgeladen. Dies geschieht so lange, bis das ursprüngliche, zum Öffnen des Magnetventils notwendige Energiepotenzial erreicht ist.

3.2.1.8 Injektorkennfeld

Der Verbund aus Ventilkolben und Düsennadel (Abb. 3.2, Pos. 15, 16) erreicht erst bei hinreichend langer Ansteuerdauer des Magnetventils den hydraulischen Anschlag (Abb. 3.5a). Der Bereich, bis die Düsennadel den maximalen Hub erreicht, stellt den ballistischen Betrieb dar. Im Mengenkennfeld, bei dem die Einspritzmenge als Funktion der Ansteuerdauer aufgetragen wird (Abb. 3.5b), zeigt ein Knick in der Kennlinie den Übergang vom ballistischen zum nichtballistischen Bereich an.

Ein weiteres Charakteristikum des Mengenkennfeldes ist das Plateau bei kleinen Ansteuerdauern. Dieses Plateau kommt durch das Prellen des Magnetankers beim Öffnen zustande. In diesem Bereich ist die Einspritzmenge unabhängig von der Ansteuerdauer. Dadurch können kleine Einspritzmengen (z. B. Voreinspritzung) in begrenztem Umfang stabil dargestellt werden. Erst nach abgeschlossenem Ankerprellen wird ein linearer Anstieg der

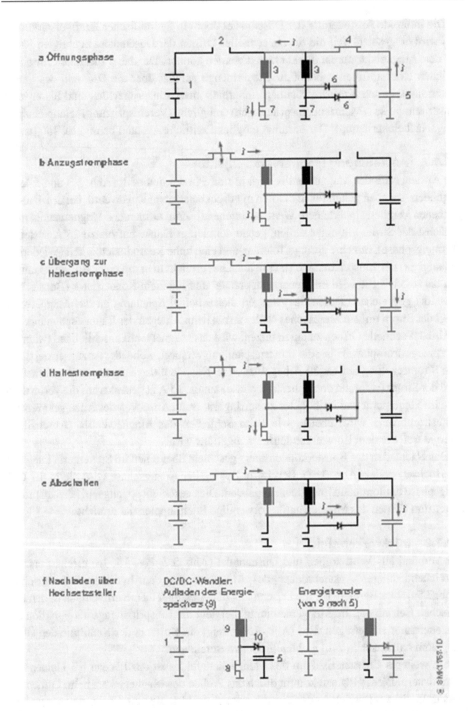

Abb. 3.4 Prinzipschaltung der Ansteuerphasen für eine Zylindergruppe: 1 = Batterie; 2 = Stromregelung; 3 = Spulen der Hochdruckmagnetventile; 4 = Boosterschalter; 5 = Boosterkondensator; 6 = Freilaufdioden für Energierückspeisung und Schnelllöschung; 7 = Zylinderauswahlschalter; 8 = DC/DC-Schalter; 9 = DC/DC-Spule; 10 = DC/DC-Diode; I = Stromfluss

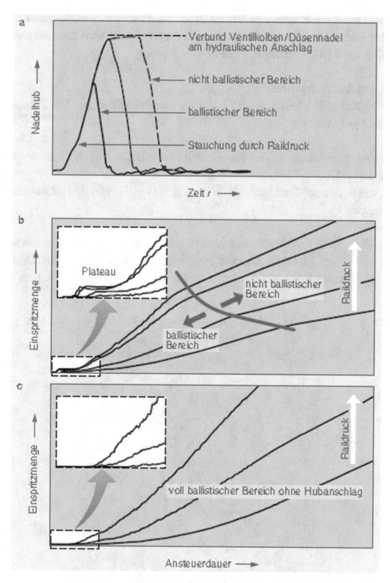

Abb. 3.5 Düsennadelhub und Mengenkennfelder eines Injektors mit Magnetventil: **a** zeitlicher Verlauf des Düsennadelhubs; **b** Mengenkennfeld eines Injektors mit Mengenplateau; **c** Kennfeld eines Injektors ohne Mengenplateau

Einspritzmenge über der Ansteuerdauer erzielt. Die hohen Anforderungen an die Einspritz-genauigkeit bei Kleinstmengen und kurze Spritzabstände zwischen Vor-, Haupt- und Nach-einspritzung lassen sich über die Produktlebensdauer wirtschaftlich nur durch den Einsatz geeigneter Steuer- und Regelalgorithmen gewährleisten. Notwendige Voraussetzung dazu ist ein monoton linearer Mengenanstieg, d. h., es darf kein Plateau im Mengenkennfeld geben. Dazu muss das Prellen des Ankers (Abb. 3.2, Pos. 4) abgeschlossenen sein, bevor eingespritzt wird. Der Verbund Ventilkolben und Düsennadel wird dann im ballistischen Betrieb, d. h. ohne Hubanschlag betrieben (Abb. 3.5c).

3.2.1.9 Injektorvarianten

Bei den Magnetventil-Injektoren wird zwischen zwei verschiedenen Ventilkonzepten unterschieden (Abb. 3.6):

- Injektoren mit druckbelastetem Kugelventil (Ventilkräfte wirken gegen den anstehenden Raildruck),
- Injektoren mit einem druckausgeglichenen Ventil (Ventilkräfte sind nahezu unabhängig vom Raildruck).

Beim druckbelasteten Kugelventil wirkt der Druck des verdichteten Kraftstoffs auf die aus Ventilsitzwinkel und Kugeldurchmesser resultierende Fläche (Abb. 3.6a). Dieser Druck erzeugt eine öffnende Kraft. Die Federkraft muss mindestens so groß sein, dass das Ventil

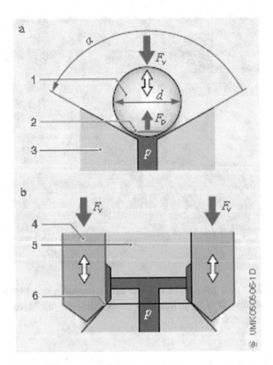

Abb. 3.6 Ventile der Injektorvarianten: **a** druckbelastetes Kugelventil, **b** druckausgeglichenes Ventil. 1 = Ventilkugel mit Durchmesser d; 2 = Ventilsitzdurchmesser $D = d\sin(90° - \alpha/2)$; 3 = Ventilstück mit Ventildichtsitz; 4 = Magnetanker mit Ventilsitz; 5 = Ankerführung (am Ventilstück); 6 = Sitzdurchmesser (Führungsdurchmesser des Magnetankers); α = Ventilsitzwinkel; p = Raildruck; F_p = hydraulische Kraft ($F_p = \pi/4\ D^2 p$); F_V = Vorspannkraft der Magnetventilfeder

im nichtaktiven Zustand geschlossen bleibt. In der Praxis ist die Federkraft um ca. 15–30 % größer als die hydraulische Kraft bei maximalem Einspritzdruck, um einerseits eine ausreichende Dynamik beim Schließen des Ventils zu erreichen und andererseits im geschlossenen Zustand eine ausreichende Dichtheit sicherzustellen.

Beim druckausgeglichenen Ventil gibt es keine Fläche, auf die der Druck wirkt und eine Kraft in öffnende Richtung erzeugen kann (Abb. 3.6b). Der Magnetanker (4) bewegt sich relativ zur Ankerführung (5). Die Fläche, auf die der Raildruck wirkt, ist senkrecht zur Bewegungsrichtung.

Magnetventil-Injektoren für Pkw-Dieselmotoren werden ab einem maximalen Raildruck von mehr als 1600 bar mit einem druckausgeglichenen Ventil angeboten. Trotz im Vergleich zu druckbelasteten Kugelventilen geringerem Ventilhub wird auch bei Drücken über 1600 bar ein ausreichend großer Ventilöffnungsquerschnitt erzielt, womit die hydraulische Stabilität des Servoventils, mit dem der Düsennadelhub gesteuert wird, garantiert wird. Außerdem wird damit – auch bei hohen Einspritzdrücken – die erforderliche Dynamik zur Darstellung minimaler zeitlicher Abstände zwischen zwei Einspritzungen erreicht. Weiterhin verringern sich die Sensitivität der Ventildynamik gegen äußere Einflüsse und der Strombedarf zur Ansteuerung der Magnetventile. Aufgrund der geringeren Anforderungen an die Dynamik bei gleichzeitig erhöhten Lebensdaueranforderungen werden für Nfz-Dieselmotoren Injektoren mit druckbelastetem Kugelventil bis 2500 bar verwendet.

Alle Magnetventil-Injektoren für Einspritzdrücke ab 2000 bar sind mit einem düsennahen Volumen, dem sogenannten Minirailvolumen, ausgestattet (Abb. 3.7). Dieses dämpft die durch Einspritzungen ausgelösten Druckwellen im Hochdruckbereich des Common-Rail-Systems und reduziert deren Einfluss auf Spritzbeginn und Spritzdauer der nachfolgenden Einspritzungen signifikant, womit die Zumessgenauigkeit bei Mehrfacheinspritzungen gesteigert werden kann. Zudem kann bei Injektoren mit druckausgeglichenem Ventil mit reduziertem Schaltventilhub die Dynamik der Magnetventile erhöht und somit die Umsetzung kleinerer Spritzabstände verbessert werden.

Forderungen nach weiterer CO_2-Reduktion bei Dieselmotoren rücken auch die hydraulische Effizienz des Einspritzsystems in den Fokus. Druckverluste und Rücklaufmengen des Injektors bieten hier Optimierungspotenzial [1, 2]. Bei den neuesten Injektorgenerationen sind die Komponenten bis hin zum Steuerventil mit Hochdruck beaufschlagt. Damit wird die permanente druck- und zeitabhängige interne Leckagemenge an Düsen- und Ventilkolbenführung eliminiert. Durch Reduzierung der relevanten Durchmesser von Nadelsitz und Ventilkolben kann eine weitere Minderung der während der Ansteuerung anfallenden Steuermenge erreicht werden.

3.2.2 Magnetventil-Injektoren mit Druckverstärkung

Neben den bislang beschriebenen Injektorkonzepten sind für Nfz-Dieselmotoren auch Magnetventil-Injektoren mit Druckverstärkung im Einsatz (Abb. 3.8).

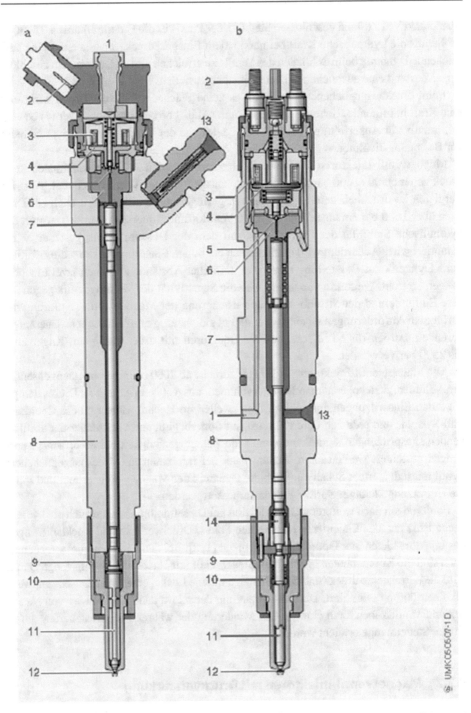

Abb. 3.7 Bosch-Injektoren mit Minirailvolumen: **a** CRI2-20, **b** CRIN3-25. 1 = Kraftstoffrücklauf; 2 = elektrischer Anschluss; 3 = Magnetspule; 4 = Magnetanker; 5 = Ventilsitz; 6 = Ventilstück; 7 = Ventilkolben; 8 = Injektorkörper mit Minirail; 9 = Düsenspannmutter; 10 = Düsenkörper; 11 = Düsennadel; 12 = Spritzloch

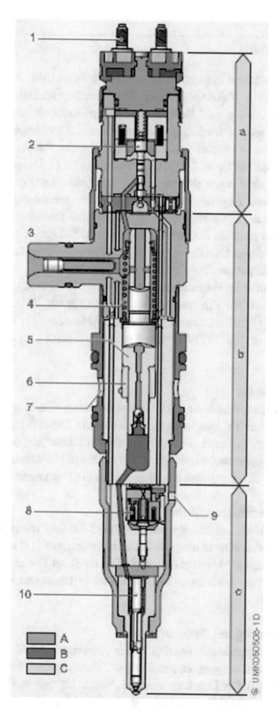

Abb. 3.8 Druckübersetzter Injektor für Anwendungen in schweren Nutzfahrzeugen: a = Steuermodul; b = Druckverstärkermodul; c = Einspritzmodul; A = Raildruck; B = übersetzter Druck; C = Rücklauf; 1 = elektrischer Anschluss; 2 = druckausgeglichenes 3/2-Magnetventil; 3 = Hochdruckanschluss (Zulauf); 4 = Feder für Druckverstärker; 5 = Stufenkolben mit Bohrung und Rückschlagventil; 6 = Steuerraum; 7 = Kraftstoffrücklauf Druckverstärker; 8 = druckausgeglichenes 2/2 Magnetventil des Einspritzmoduls; 9 = Kraftstoffrücklauf Ventilsteuerraum; 10 = Düsennadel

3.2.2.1 Aufbau

Der Injektor mit Druckverstärkung besteht aus drei Modulen (Abb. 3.8) mit unterschiedlichen Funktionen: dem Steuermodul (a), dem Druckverstärkermodul (b) und dem Einspritzmodul (c). Aufbau und Funktion des Einspritzmoduls entsprechen dem eines Magnetventil-Injektors mit druckausgeglichenem Ventil. Das Druckverstärkermodul besteht im Wesentlichen aus einem Stufenkolben (5), der den Raildruck im Verhältnis der Kolbenflächen um den Faktor ca. 2,2 (2. Generation) bis 2,5 (1. Generation) verstärkt. Das Steuermodul ist als druckausgeglichenes 3/2-Ventil (Abb. 3.8, Pos. 2, 3 „Anschlüsse", zwei Schaltstellungen) ausgeführt und ermöglicht eine zeitabhängige Aktivierung des Druckverstärkermoduls. Mit diesem Konzept sind sowohl druckverstärkte (bis 2700 bar) als auch nicht druckverstärkte Einspritzungen (bis ca. 1200 bar) möglich. Im Fall druckverstärkter Einspritzungen kann durch geeignete zeitliche Ansteuerung von Einspritz- und Steuermodul eine Einspritzverlaufsformung realisiert werden [3].

Der Kraftstoff wird vom Hochdruckanschluss (Abb. 3.9, Pos. 2) über die Bohrung im Druckverstärkerkolben zur Einspritzdüse (13) und über die Zulaufdrossel (9) in den Ventilsteuerraum (11) geführt. Dieser ist über die Ablaufdrossel (8) und das druckausgeglichene 2/2-Magnetventil (7) mit dem Kraftstoffrücklauf (10) des Einspritzmoduls verbunden.

3.2.2.2 Arbeitsweise

Die Funktion des Injektors ist in Abb. 3.9 für drei Betriebszustände dargestellt. Bei stehendem Motor und fehlendem Druck im Rail schließt die Düsenfeder (12) die Düse. Der Kraftstoffrücklauf des Injektors setzt sich aus dem Rücklauf aus dem Druckverstärker- und dem Einspritzmodul zusammen (Abb. 3.8, Pos. 6 und 10). Das sind neben den jeweiligen Steuermengen die permanenten Leckagen über die Führungen der Magnetventile.

3.2.2.3 Düse geschlossen (Ruhezustand)

Beide Magnetventile sind nicht angesteuert (Abb. 3.9a) und somit ist ein Abfluss von Kraftstoff in den Rücklauf nicht möglich. Im Ventilsteuerraum (11) und im Kammervolumen der Einspritzdüse (14) herrscht Raildruck. Die Kraft der Düsenfeder (12) und die im Ventilsteuerraum auf die Stirnfläche der Düsennadel wirkende Druckkraft halten die Düsennadel geschlossen.

3.2.2.4 Einspritzung mit Raildruck

Durch Öffnen des Magnetventils (Abb. 3.9b) im Einspritzmodul (7) wird der Durchfluss durch die Ablaufdrossel freigegeben und Kraftstoff fließt aus dem Ventilsteuerraum in den Kraftstoffrücklauf (10). Der Druck im Ventilsteuerraum sinkt ab und der höhere Druck an der Düsennadel führt zum Öffnen der Düsennadel. Die Einspritzung auf Raildruckniveau beginnt. Dabei strömt der Kraftstoff über das offene Rückschlagventil im Druckverstärkerkolben (4) zur Düse. Durch das Kräftegleichgewicht und unterstützt durch die Feder (3) verbleibt der Druckverstärker in diesem Fall in seiner Ruheposition. Die Feder trägt

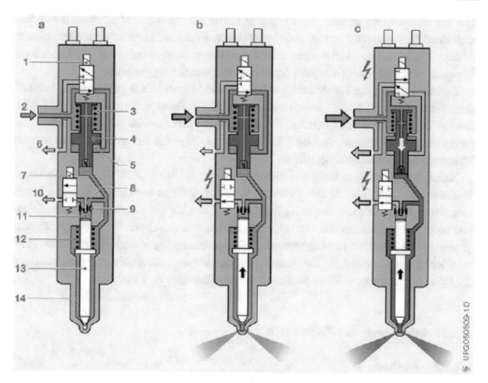

Abb. 3.9 Funktionsprinzip des druckübersetzten Injektors (schematische Darstellung): **a** Servoventil geschlossen, Bypass geöffnet; **b** Servoventil geöffnet, Bypass geschlossen; **c** Schließvorgang des Servoventils, Bypass geöffnet. 1 = druckausgeglichenes 3/2-Magnetventil des Steuermoduls; 2 = Hochdruckanschluss; 3 = Feder für Druckverstärker; 4 = Stufenkolben mit Bohrung und Rückschlagventil; 5 = Steuerraum Druckverstärker; 6 = Kraftstoffrücklauf Druckverstärker; 7 = druckausgeglichenes 2/2-Magnetventil des Einspritzmoduls; 8 = Ablaufdrossel; 9 = Zulaufdrossel; 10 = Kraftstoffrücklauf Ventilsteuerraum; 11 = Ventilsteuerraum; 12 = Düsenfeder; 13 = Düsennadel der Einspritzdüse; 14 = Kammervolumen der Einspritzdüse

damit nicht nur zur Rückstellung des Kolbens nach seiner Aktivierung bei, sondern sorgt auch dafür, dass sich der Druckverstärkerkolben vor jedem Einspritzvorgang immer in der gleichen Ausgangsposition befindet.

3.2.2.5 Einspritzung mit Druckverstärker

Durch die Aktivierung (Abb. 3.9c) des Magnetventils (1) im Steuermodul wird der Steuerraum des Druckverstärkers (5) vom Raildruck getrennt und mit dem Kraftstoffrücklauf (6) verbunden. Die Oberseite des Druckverstärkerkolben (4) wird weiter mit dem Raildruck beaufschlagt. Der daraus resultierende Kraftüberschuss bewirkt, dass sich der Kolben nach unten bewegt, das im Kolben integrierte Rückschlagventil geschlossen bleibt und das Druckniveau des eingeschlossenen Kraftstoffvolumens ansteigt. Für die Einspritzung steht nun ausschließlich der im Hochdruckraum enthaltene Kraftstoff zur Verfügung.

Um die Einspritzung in den Motorraum zu initiieren, muss das Magnetventil des Einspritzmoduls angesteuert werden, wie im vorherigen Abschnitt beschrieben. Der zeitliche Abstand zwischen der Aktivierung der beiden Magnetventile entscheidet dabei, ob die Einspritzverlaufsformung rampen-, boot- oder rechteckförmig verläuft.

Zur Beendigung der Einspritzung werden beide Magnetventile geschlossen. Die Düsenfederkraft und der schnell ansteigende Druck im Ventilsteuerraum bewirken ein Schließen der Düsennadel. Der Steuerraum des Druckverstärkers (5) wird mit dem Kraftstoffzufluss verbunden. Der Stufenkolben (4) bewegt sich infolge des steigenden Drucks und der Federkraft in seine Ausgangsposition.

Neben der freien Gestaltung des Einspritzverlaufs im Motorkennfeld bietet die Hochdruckerzeugung im Injektor den Vorteil, dass nur ein Teil des Injektors dem hohen Druck ausgesetzt ist. Hochdruckpumpe, Rail, Kraftstoffleitungen und der größte Teil des Injektors hingegen werden nur mit dem deutlich niedrigeren Raildruck beaufschlagt. Im Gegenzug haben Magnetventil-Injektoren mit Druckverstärkung höhere Herstellkosten und erfordern mehr Aufwand für die Ansteuerung im Steuergerät. Außerdem sind, aufgrund der Druckübersetzung, größere Kraftstoff-Rücklaufmengen zu handhaben.

3.2.3   Injektoren mit Piezoaktor

3.2.3.1   Aufbau
Der Piezo-Inline-Injektor beinhaltet die folgenden Baugruppen (Abb. 3.10):

- Aktormodul (Piezoaktor sowie Kapselung, Kontaktierung, Bauteile zur Abstützung und Kraftweitergabe des Aktors, Pos. 3),
- hydraulischer Koppler oder Übersetzer (4),
- Steuer- oder Servoventil (5),
- Düsenmodul (6).

Der Injektor ist so ausgelegt, dass eine hohe Gesamtsteifigkeit innerhalb der Stellerkette, bestehend aus Aktor, hydraulischem Koppler und Steuerventil, erreicht wird, um eine hohe Dynamik und Genauigkeit zu erzielen. Eine weitere konstruktive Besonderheit ist die Vermeidung von mechanischen Kräften auf die Düsennadel, wie sie bei Magnetventil-Injektoren über die Druckstange (Ventilkolben) auftreten können. Durch die im Vergleich zu anderen Injektorbauarten deutlich verringerten bewegten Massen und die reduzierte Reibung werden Stabilitäts- und Driftverhalten verbessert.

Zusätzlich bietet das Einspritzsystem die Möglichkeit, sehr kurze Abstände zwischen den Einspritzungen zu realisieren. Anzahl und Ausgestaltung der Kraftstoffzumessung können derzeit bis zu zehn Einspritzungen pro Einspritzzyklus umfassen und somit den Erfordernissen an den Motorbetriebspunkten und Betriebsarten angepasst werden.

Durch die räumlich enge Kopplung des Servoventils (5) an die Düsennadel wird eine unmittelbare Reaktion der Düsennadel auf die Betätigung des Piezoaktors erzielt. Die

Abb. 3.10 Konstruktive Ausführung
des Piezo-Inline-Injektors:
1 = Kraftstoffrücklauf;
2 = Hochdruckanschluss;
3 = Piezoaktor; 4 = hydraulischer
Koppler; 5 = Servoventil (Steuerventil);
6 = Düsenmodul mit Düsennadel;
7 = Spritzloch

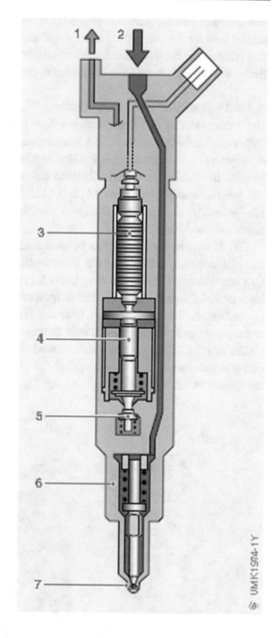

Verzugszeit zwischen dem elektrischen Ansteuerbeginn und der hydraulischen Reaktion
der Düsennadel beträgt etwa 150 µs. Gleichzeitig wird aufgrund der hohen Schaltkraft
des Piezoaktors eine Flugzeit des Servoventils (Zeit zwischen Endanschlägen) von nur
50 µs erzielt. Dadurch können die gegensätzlichen Anforderungen an hohe Düsennadel-
geschwindigkeiten mit gleichzeitiger Realisierung kleinster reproduzierbarer Einspritzmengen erfüllt werden. Analog zum Magnetventil-Injektor wird zur Aktivierung einer

Einspritzung eine Steuermenge über das Servoventil abgesteuert. Prinzipbedingt beinhaltet der Injektor darüber hinaus keine direkten Leckagestellen vom Hochdruckbereich in den Niederdruckkreis. Dadurch kann die Rücklaufmenge klein gehalten und der hydraulische Wirkungsgrad des Gesamtsystems optimiert werden.

3.2.3.2 Funktion des Servoventils

Die Düsennadel in der Düse wird bei dem Piezo-Inline-Injektor über das Servoventil (3/2-Ventil) indirekt gesteuert. Die gewünschte Einspritzmenge wird dabei unter Berücksichtigung des vorherrschenden Raildrucks über die Ansteuerdauer des Servoventils eingestellt. Im nicht angesteuerten Zustand befindet sich der Injektor im Ausgangszustand mit geschlossenem Servoventil (Abb. 3.11a). Das heißt, der Hochdruckbereich ist vom Niederdruckbereich getrennt. Die Düse wird durch den im Steuerraum anliegenden Raildruck geschlossen gehalten.

Das Ansteuern des Piezoaktors bewirkt eine Längenzunahme desselben, die sich über den hydraulischen Koppler auf das Servoventil überträgt. Dadurch öffnet das Servoventil und verschließt die Bypassbohrung (Abb. 3.11b). Über das Durchflussverhältnis von Ablauf- zu Zulaufdrossel wird der Druck im Steuerraum abgesenkt und die Düse geöffnet. Die anfallende Steuermenge fließt über das Servoventil in den Niederdruckkreis des Gesamtsystems und von dort zurück zum Tank.

Um den Schließvorgang einzuleiten, wird der Aktor entladen, das Servoventil schließt und gibt gleichzeitig den Bypass wieder frei (Abb. 3.11c). Über die Zulauf- und die Ablaufdrossel in Rückwärtsrichtung wird nun der Steuerraum wieder befüllt und die Düsen-

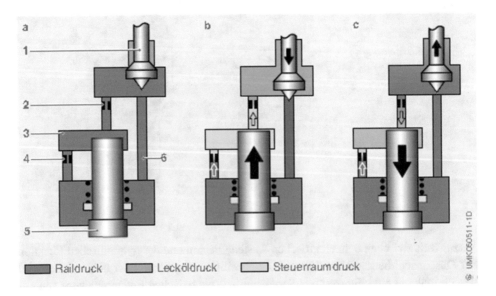

Abb. 3.11 Arbeitsweise des Servoventils: **a** Düse geschlossen; **b** Düse geöffnet, Einspritzung mit Raildruck; **c** Düse geöffnet, Einspritzung mit Druckübersetzung. 1 = Ventilbolzen; 2 = Ablaufdrossel; 3 = Steuerraum; 4 = Zulaufdrossel; 5 = Düsennadel; 6 = Bypass

nadel wieder geschlossen. Sobald die Düsennadel den Düsensitz erreicht, ist der Einspritzvorgang beendet.

Die Mengenkennlinien des Piezo-Inline-Injektors sind im Hinblick auf die Anwendbar-
keit der Steuer- und Regelalgorithmen für Verbesserung und Langzeitstabilität von
Kleinstmengen, Mengenstreuung etc. optimiert. Damit ist es z. B. möglich, die Voreinspritzmenge beliebig nachzuführen und durch den rein ballistischen Betrieb die Mengen-
streuungen im Kennfeld zu minimieren (Abb. 3.12).

3.2.3.3 Arbeitsweise des hydraulischen Kopplers

Ein weiteres wesentliches Bauelement im Piezo-Inline-Injektor ist der hydraulische Koppler
(Abb. 3.13). Er sorgt für den Ausgleich von Längentoleranzen der Stahl- und Keramikbau-
teile (z. B. durch die unterschiedliche Wärmeausdehnung von Keramik und Stahl oder durch
Montagekräfte (Pratzkräfte) auf den Haltekörper). Zum anderen stellt er die Übersetzung
von Aktorhub und Aktorkraft auf das servoventilseitig erforderliche Niveau ein. Das Übersetzungsverhältnis ergibt sich aus den Durchmessern von Kopplerkolben und Ventilkolben.

Das Aktormodul und der hydraulische Koppler sind von Dieselkraftstoff umgeben, der
über den Systemniederdruckkreis am Rücklauf des Injektors unter einem Druck von ca. 10
bar steht. Im nicht angesteuerten Zustand des Aktors steht der Druck im hydraulischen
Koppler im Gleichgewicht mit seiner Umgebung und der Koppler übt keine Kraft auf den

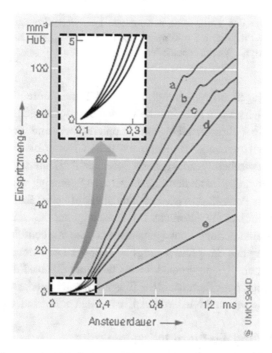

Abb. 3.12 Einspritzmengenkennfeld des Piezo-Inline-Injektors für verschiedene Einspritzdrücke:
a = 1600 bar; b = 1200 bar; c = 1000 bar; d = 800 bar; e = 250 bar

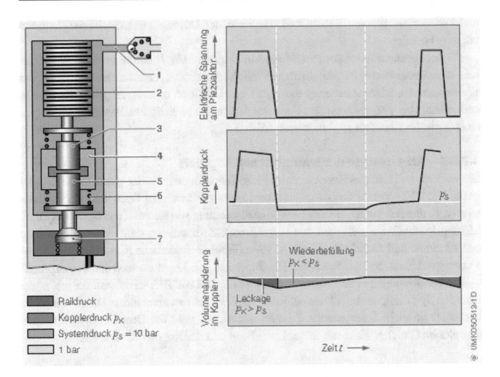

Abb. 3.13 Arbeitsweise des hydraulischen Kopplers: 1 = Niederdruckrail mit Druckhalteventil (Kraftstoffrücklauf); 2 = Piezoaktor; 3 = Kopplerkolben; 4 = hydraulischer Koppler; 5 = Ventilkolben (unterer Kopplerkolben); 6 = Ventilkolbenfeder; 7 = Ventilbolzen

Ventilbolzen aus. Längenänderungen aufgrund von Temperatureinflüssen oder von den auf den Haltekörper wirkenden Pratzkräften werden durch geringe Leckageströme ausgeglichen, die über die Führungsspiele von Kopplerkolben und Ventilkolben zwischen Kopplerspalt und der Umgebung des Kopplers fließen. Somit bleibt zu jedem Zeitpunkt eine Kraftkopplung zwischen Piezoaktor und Servoventil erhalten.

Beim Einspritzvorgang wird an den Piezoaktor eine Spannung von 110 … 150 V angelegt, wodurch sich der Piezoaktor ausdehnt und dabei mit hoher Kraft den mit Hochdruck beaufschlagten Ventilbolzen (7) aufdrückt. Dadurch steigt der Druck im Koppler (4) an und als Folge entweicht eine geringe Leckagemenge über die Kolbenführungsspiele nach außen. Nach Beendigung des Einspritzvorgangs bewirkt der Druckunterschied zwischen hydraulischem Koppler und Niederdruckkreis des Injektors (10 bar) den umgekehrten Vorgang. Damit der Koppler vor dem nächsten Einspritzzyklus wieder vollständig aufgefüllt ist, müssen Führungsspiele und Niederdruckniveau exakt aufeinander abgestimmt sein.

3.2.3.4 Ansteuerung des Piezo-Inline-Injektors

Die Ansteuerung des Injektors erfolgt über ein Motorsteuergerät, dessen Endstufe speziell für diese Injektoren entwickelt wurde. Abhängig vom Raildruck des eingestellten Betriebspunkts wird ein Sollwert für Spannung, Ladezeit und Entladezeit des Aktors vorgegeben. Zum Ausgleich der Exemplarstreuungen von Steuergeräte-Hardware und Aktor wird die Aktorspannung gemessen und durch Anpassen der Ladeparameter geregelt. Das Laden wie auch das Entladen des Aktors erfolgen über einen pulsförmigen Stromverlauf (Abb. 3.14), um die unabhängige Vorgabe von Spannung, Ladezeit und Entladezeit zu ermöglichen. Dadurch kann immer mit minimaler Lade- und Entladezeit angesteuert werden, wodurch die Umsetzung kleinster Einspritzmengen und Spritzabstände ermöglicht

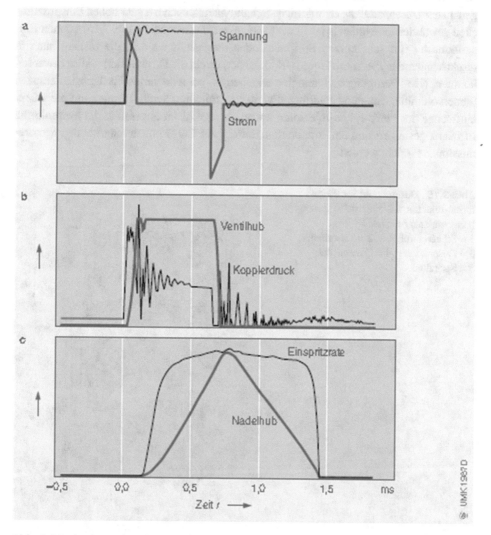

Abb. 3.14 Ansteuersequenzen des Piezo-Inline-Injektors für eine Einspritzung: **a** Strom- und Spannungsverlauf bei Ansteuern des Injektors; **b** Verlauf des Ventilhubs und des Kopplerdrucks; **c** Verlauf des Ventilhubs und der Einspritzrate

wird. Der Anstieg der Aktorspannung wird proportional in den Hub des Piezoaktors umgesetzt und wie beschrieben über den hydraulischen Koppler auf das Schaltventil übertragen. Pro Einspritzzyklus können bis zu zehn Einspritzimpulse erfolgen. Damit kann die Einspritzsequenz den Erfordernissen des jeweiligen Motorbetriebspunkts angepasst werden. Die maximal mögliche Anzahl von Einspritzimpulsen sinkt im oberen Raildruck- und Drehzahlbereich.

3.2.3.5 Verbesserung der Schaltdynamik

Bei sonst unverändertem Injektoraufbau (leckagefreies Servoventil) kann durch Änderungen an der Düsennadel die erforderliche Schaltdynamik auch bei sehr hohen Einspritzdrücken gewährleistet werden [4]. Mit der „schlanken" Düsennadel (Abb. 3.15) können Einspritzmuster mit sehr kurzen Spritzabständen dargestellt werden, die bislang nur mit direktschaltenden Piezo-Injektoren (Aktor steuert direkt die Düsennadel) realisiert werden konnten. Neue Fertigungstechnologien erlauben es, bei reduzierten Fertigungstoleranzen Steuervolumina, Sitze und Führungen weiter zu miniaturisieren. Damit kann die Rücklaufmenge der Piezo-Inline-Injektoren nochmals signifikant abgesenkt, die hydraulische Effizienz gesteigert und ein vorteilhafter Beitrag zur CO_2-Reduzierung bei den Motoremissionen erreicht werden.

Abb. 3.15 Düsenmodul für Piezo-Inline-Injektor: **a** Standardausführung, **b** mit schlanker Nadel.
1 = Steuerraumhülse; 2 = Düsenfeder;
3 = Düsenkörper; 4 = Düsennadel;
5 = Spritzloch

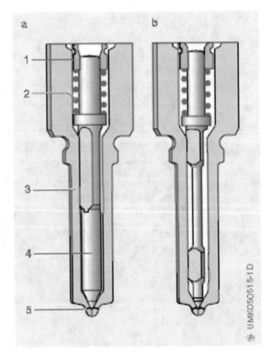

Exkurs: Der Piezoeffekt

Pierre Curie und sein Bruder Jacques entdeckten 1880 ein Phänomen, das zwar nur wenigen bekannt ist, aber heute Millionen Menschen täglich begleitet: den piezoelektrischen Effekt. Er hält z. B. die Zeiger der Quarzuhr im Takt.

Bestimmte Kristalle (z. B. Quarz (Abb. 3.16, Pos. a) und Turmalin) sind piezoelektrisch: Durch Stauchung oder Streckung entlang bestimmter Kristallachsen werden elektrische Ladungen auf der Kristalloberfläche induziert. Diese elektrische Polarisierung entsteht dadurch, dass sich die positiven und negativen Ionen im Kristall unter der Krafteinwirkung relativ zueinander verschieben (Abb. 3.16, Pos. b). Im Inneren des Kristalls gleichen sich die verschobenen Ladungsschwerpunkte aus, zwischen den Stirnflächen des Kristalls jedoch entsteht ein elektrisches Feld. Stauchung und Dehnung des Kristalls erzeugen umgekehrte Feldrichtungen.

Wird andererseits an die Stirnflächen des Kristalls eine elektrische Spannung angelegt, so kehrt sich der Effekt um in den inversen Piezoeffekt: Die positiven Ionen werden im elektrischen Feld in Richtung zur negativen Elektrode hin verschoben, die negativen Ionen zur positiven Elektrode hin. Dadurch kontrahiert oder expandiert der Kristall je nach Richtung der elektrischen Feldstärke (Abb. 3.16, Pos. c).

Für die piezoelektrische Feldstärke E_p gilt:

$$E_p = \delta \Delta x / x$$

- $\Delta x/x$ = relative Stauchung bzw. Dehnung
- δ = piezoelektrischer Koeffizient, Zahlenwerte 10^9 V/cm bis 10^{11} V/cm

Die Längenänderung Δx ergibt sich bei einer angelegten Spannung U aus:

$$U / \delta = \Delta x$$

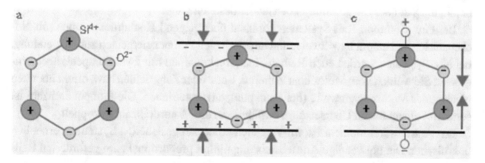

Abb. 3.16 Prinzip des Piezoeffekts, stark vereinfacht dargestellt an einem Ausschnitt: **a** Quarzkristall SiO^2. **b** Piezoeffekt: Bei Stauchung des Kristalls schieben sich die negativen O^{2-}-Ionen nach oben, die positiven Si^{4+}-Ionen nach unten: An der Kristalloberfläche werden elektrische Ladungen induziert. **c** inverser Piezoeffekt: Durch die angelegte elektrische Spannung werden O^{2-}-Ionen nach oben, Si^{4+}-Ionen nach unten verschoben: Der Kristall kontrahiert

(Beispiel Quarz: Deformation von etwa 10^{-9} cm bei $U = 10$ V)

Der Piezoeffekt wird nicht nur in Quarzuhren und Piezo-Inline-Injektoren genutzt, sondern hat – als direkter oder inverser Piezoeffekt – eine Vielzahl weiterer technischer Anwendungen:

Piezoelektrische Sensoren werden z. B. zur Klopfregelung im Ottomotor eingesetzt, wo sie hochfrequente Schwingungen des Motors als Merkmal für klopfende Verbrennung detektieren. Die Umwandlung von mechanischer Schwingung in elektrische Spannungen wird auch bei Kristallmikrofonen genutzt. Beim Piezozünder (z. B. im Feuerzeug) ruft ein mechanischer Druck die zur Funkenerzeugung benötigte Spannung hervor.

Legt man andererseits eine Wechselspannung an einen Piezokristall, so schwingt er mechanisch mit der Frequenz der Wechselspannung. Solche Schwingquarze werden in elektrischen Schwingkreisen eingesetzt oder als piezoelektrische Schallquelle zur Erzeugung von Ultraschall.

Für den Einsatz als Uhrenquarz wird der Schwingquarz mit einer Wechselspannung angeregt, deren Frequenz gleich der Eigenfrequenz des Quarzes ist. So entsteht eine zeitlich konstante Resonanzschwingung, deren Abweichung bei einem geeichten Quarz ca. 1/1000 Sekunde pro Jahr beträgt.

3.3   Hochdruckpumpen

3.3.1   Anforderungen und Aufgabe

Die Hochdruckpumpe ist die Schnittstelle zwischen Nieder- und Hochdruckkreis. Ihre Aufgabe besteht darin, die vom System benötigte Kraftstoffmenge auf dem betriebspunktabhängig gewünschten Druckniveau bereitzustellen. Diese umfasst nicht nur die aktuell vom Motor benötigte Einspritzmenge, sondern berücksichtigt darüber hinaus Mengenreserven für einen schnellen Startvorgang und einen raschen Druckanstieg im Rail, aber auch Leckage- und Steuermengen für andere Systemkomponenten inkl. deren verschleißbedingte Drift über die gesamte Lebensdauer des Fahrzeugs.

Bei Pkw-Common-Rail-Systemen kommen überwiegend Hochdruckpumpen mit Nockenantrieb und einem bzw. zwei radial angeordneten Pumpenelementen zur Anwendung, bei Nfz-Systemen werden auch Reihen-Hochdruckpumpen mit zwei Pumpenkolben eingesetzt. Sie werden vom Motor über Zahnrad, Kette oder Zahnriemen bzw. direkt über den Nocken der Motornockenwelle (bei Steckpumpen) angetrieben. Die Pumpendrehzahl ist somit mit einem festen Übersetzungsverhältnis an die Motordrehzahl gekoppelt.

Das Antriebsdrehmoment ist, im Vergleich zu nockengesteuerten Systemen, erheblich unkritischer. Die notwendige Antriebsleistung nimmt proportional zum geforderten Raildruck und zur Pumpendrehzahl zu.

Hochdruckpumpen werden in verschiedenen Ausführungen in Pkw- und Nfz-Systemen eingesetzt (Tab. 3.2).

Tab. 3.2 Bosch-Hochdruckpumpen für Common-Rail-Systeme

Pumpe	Einsatz	Druck	Schmierung
CP1H	Pkw	1400 bar 1600 bar 1800 bar	k
CP3N	Nfz	1600 bar 1800 bar	k, ö
CP4	Pkw, Nfz	1600 bar 1800 bar 2000 bar 2200 bar 2500 bar	k
CPN2	Nfz	1600 bar 1800 bar 2000 bar	ö
CPN5	Nfz	900 bar Dü 1200 bar Dü 2200 bar 2500 bar	k
CB08	Pkw, Nfz	1600 bar	ö
CB18	Pkw, Nfz	1400 bar 1600 bar 1800 bar	ö
CB28	Nfz	1800 bar 2000 bar	ö
PF51	Pkw, Nfz	1450 bar 1600 bar	ö
PF45	Nfz	1600 bar 2000 bar	ö
PF49	Nfz	1200 bar 1600 bar	ö

k = kraftstoffgeschmiert; ö = ölgeschmiert; Dü = druckübersetzte Common-Rail-Systeme

3.3.2 Aufbau und Funktion

Eine Common-Rail-Hochdruckpumpe mit radial angeordnetem Pumpenelement ist in Abb. 3.17 schematisch dargestellt. Das zentrale Antriebsbauteil ist die Nockenwelle (6). Radial angeordnet ist ein Pumpenelement, d. h. eine Funktionsgruppe aus Kolben (4), Zylinder (3), zugehörigen Ventilen (2, 8) sowie der Rollenstößel (5) als kraftübertragendes Element. Die Drehbewegung der Nockenwelle wird über die Nockenkontur in eine Hubbewegung umgesetzt. Alternativ sind Antriebskonzepte mit Exzenterwelle im Einsatz, meist mit drei Pumpenelementen (Abb. 3.23 und 3.24). Auf die Unterschiede wird in den folgenden Abschnitten noch eingegangen.

Abb. 3.17 Common-
Rail-Ein-Kolben-
Hochdruckpumpe,
Funktionsschema:
1 = Ansaugkanal;
2 = Saugventil;
3 = Zylinderkopf;
4 = Pumpenkolben;
5 = Rollenstößel mit
Rolle; 6 = Nockenwelle
mit Doppelnocken;
7 = Hochdruckanschluss
zum Rail;
8 = Hochdruckventil;
9 = Stößelfeder

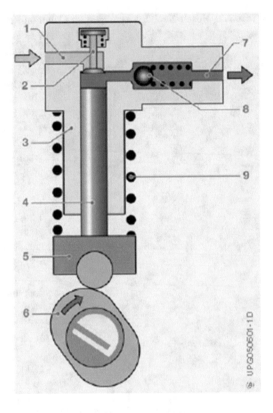

Bei seiner durch die Stößelfederkraft (9) erzwungenen Abwärtsbewegung saugt der Kolben über ein als Rückschlagventil ausgebildetes Saugventil (2) Kraftstoff aus dem Ansaugkanal (1) der Pumpe an. Die Förderung des Kraftstoffs vom Tank zur Pumpe und die Erzeugung eines Vordrucks im Ansaugkanal übernimmt dabei je nach Anwendungsfall eine in die Hochdruckpumpe integrierte mechanische Vorförderpumpe oder eine externe elektrische bzw. mechanische Kraftstoffpumpe. Kurz nach dem unteren Totpunkt der Kolbenbewegung schließt das Saugventil. Bei der folgenden Aufwärtsbewegung des Kolbens wird der Kraftstoff im Zylinder so lange verdichtet, bis der Öffnungsdruck des – ebenfalls als Rückschlagventil gestalteten – Hochdruckventils (8) erreicht wird. Dieser entspricht in etwa dem im Rail vorliegenden Druck. Nach dem Öffnen des Hochdruckventils strömt der Kraftstoff aus der Pumpe über die Hochdruckverbindungsleitung (7) zum Rail. Im oberen Totpunkt des Kolbens ist das Ende des Förderhubs erreicht und bei der folgenden Abwärtsbewegung fällt der Druck im Zylinder wieder ab, wodurch das Hochdruckventil schließt. Der Befüllvorgang des Zylinders beginnt nun von Neuem.

3.3.3 Kopplung an den Motor

Hochdruckpumpen werden vom Verbrennungsmotor mit einem festen Übersetzungsverhältnis angetrieben, wobei abhängig von der Zylinderzahl des Motors und der Pumpe nur bestimmte Werte sinnvoll sind. Übersetzungsverhältnisse von 1/1 bezogen auf die Motor-drehzahl sind bei Vierzylindermotoren in Verbindung mit Ein-Kolben-Pumpen weit ver-breitet. Bei kleineren Übersetzungsverhältnissen müsste zur Kompensation das geometri-sche Fördervolumen der Pumpe unnötig groß ausgelegt werden.

Die einspritzsynchrone Förderung einer Pumpe (d. h., der Förderhub der Pumpenele-mente erfolgt synchron mit dem Saughub der Motorzylinder) dient dazu, zum Einspritz-zeitpunkt in Rail und Injektor konstante Druckverhältnisse zu erzielen. Dabei muss die Anzahl der Pumpen-Förderhübe pro Motor-Nockenwellenumdrehung gleich der Zylinder-zahl des Motors sein. Bei Vierzylindermotoren mit Ein-Kolben-Pumpen ist dies bei einer Übersetzung von 1/1 gegeben, bei Drei-Kolben-Pumpen ist dafür eine Übersetzung von 2/3 notwendig. Ist bei Einspritzsynchronität darüber hinaus jedem Einzelinjektor stets dasselbe Pumpenelement zugeordnet, so erreicht man den Idealzustand der elementsynchronen För-derung. Diese kann für Vierzylindermotoren grundsätzlich nur mit Ein- oder Zwei-Kol-ben-Pumpen und entsprechend angepasstem Übersetzungsverhältnis erreicht werden.

Die beschriebene Kopplung zwischen Pumpenelement und Injektor ist für die Menge-nausgleichsregelung zur Reduzierung der Einspritzmengenunterschiede zwischen den Zy-lindern nötig und kann auch bei phasenverschobener Förderung gegeben sein, falls die Phasenlage der Pumpenhübe relativ zum Einspritzzeitpunkt nach jeder Nockenwellen-Umdrehung erhalten bleibt. Die Einstellung eines exakten Wertes für die Phasenlage der Pumpen-Förderhübe zu den Einspritzungen in Grad Nockenwinkel kann zur weiteren Steigerung der Genauigkeit der Einspritzmenge herangezogen werden. Dazu ist bei der Montage der Pumpe auf eine definierte Zuordnung der Drehwinkel von Nockenwelle und Pumpenantriebswelle zu achten.

3.3.4 Mengensteuerung

Aufgrund der eingangs genannten Auslegungskriterien fördert die Hochdruckpumpe übli-cherweise mehr Kraftstoff, als vom Motor benötigt wird, insbesondere im Teillastbetrieb des Motors. Zur Anpassung der Fördermenge an den Motorbedarf wird heute die Saugdros-selregelung eingesetzt. Bei dieser wird in den Zulaufkanal der Pumpenelemente eine elek-trisch verstellbare Drossel (die Zumesseinheit) eingebaut ist. Alternativ besteht die Mög-lichkeit, die Mengenzumessung zur Verbesserung der Dynamik anstelle einer Zumesseinheit direkt durch die elektromagnetische Ansteuerung des Saugventils durchzuführen.

3.3.4.1 Zumesseinheit

Abb. 3.18 zeigt den Aufbau der Zumesseinheit (ZME). Das Mengenregelventil wird, je nach berechnetem Kraftstoffbedarf, mittels eines pulsweitenmodulierten elektrischen Signals an-gesteuert. Durch die Bewegung des Stößels (8) wird der federbelastete Steuerkolben (5) verschoben und gibt den dem Tastverhältnis korrespondierenden Zulaufquerschnitt (10) frei.

Im Teillastbetrieb des Motors werden über den angedrosselten Zulaufkanal die Pum-penzylinder nicht vollständig befüllt, wodurch sich in bestimmten Betriebszuständen Kraftstoffdampf in den Zylindern bildet und die Förderleistung der Pumpe insgesamt ab-

Abb. 3.18 Aufbau
Zumesseinheit:
a = geöffnete Stellung
(linke „Hälfte");
b = geschlossene Stellung
(rechte „Hälfte");
1 = elektrischer
Anschluss;
2 = Magnetspule;
3 = Magnetgehäuse;
4 = Magnetkern;
5 = Kolben mit
Steuerschlitzen;
6 = Feder; 7 = Lager;
8 = Stößel;
9 = Magnetanker;
10 = Eingang von der
Niederdruckversorgung;
11 = Filter; 12 = Ausgang
zum Ansaugkanal der
Hochdruckpumpe

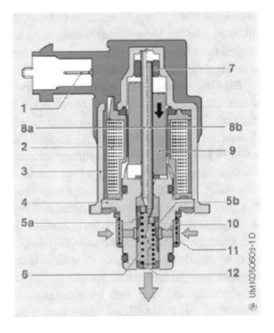

nimmt. Bei der Aufwärtsbewegung des Pumpenkolbens bricht zunächst die im Pumpenzylinder entstandene Dampfblase zusammen, bevor dann im Teilhub Druckaufbau und Kraftstoffförderung ins Rail beginnen. Der schlagartige Druckaufbau nach dem Zusammenfall der Dampfblase in den Pumpenzylindern bewirkt eine erhöhte Triebwerksbelastung gegenüber Pumpen ohne Saugdrosselregelung.

3.3.4.2 Elektrisches Saugventil

Das elektrische Saugventil (eSV, Abb. 3.19) ist ein aktorbetätigtes Ventil, das den Förderbeginn des Pumpenkolbens definiert. Es ermöglicht damit eine direkte, zeitgesteuerte Mengenzumessung, die in wesentlichen Punkten der Einspritzmengenzumessung von Injektoren ähnlich ist. Federteller und Feder (16) üben eine schließende Kraft auf den Ventilkolben (13) aus. Anker (17) und Ankerfeder (7) bewirken eine öffnende Kraft auf das Saugventil. Im stromlosen Zustand ist die Kraft der Ankerfeder so ausgelegt, dass das Saugventil sicher offen gehalten wird. Dadurch wird die im Elementraum befindliche Kraftstoffmenge durch den Pumpenkolben in den Niederdruckkreis zurückgefördert, die Fördermenge ist gleich null. Dieser Funktionszustand wird daher als „Nullförderung" bezeichnet. Wird der Elektromagnet bestromt, bewegt sich der Anker nach oben, die Saugventilfeder wird entlastet und das Saugventil schließt aufgrund der hydraulischen Kräfte der durch den Pumpenkolben geförderten Menge. Der Zeitpunkt der Bestromung bestimmt den Schließzeitpunkt des Saugventils und somit die Menge, die im Elementraum eingeschlossen ist. Die maximale Fördermenge erhält man, wenn das Saugventil kurz nach dem unteren Totpunkt geschlossen wird. Je später der Schließzeitpunkt in Richtung

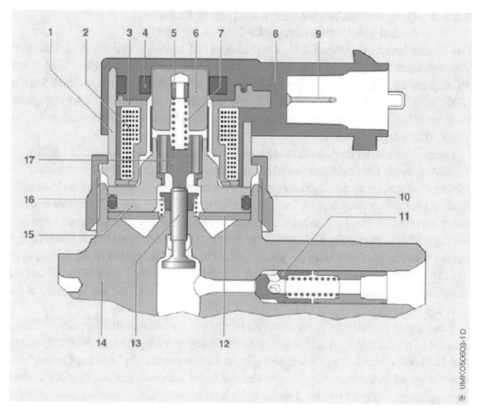

Abb. 3.19 Aufbau elektrisches Saugventil (eSV): 1 = Magnethülse; 2 = Spulendraht; 3 = Wicklungsträger; 4 = Polscheibe; 5 = Einstellstift; 6 = Polkern; 7 = Ankerfeder; 8 = Umspritzung; 9 = Flachstecker; 10 = Überwurfmutter; 11 = Hochdruckventil; 12 = Einstellscheibe; 13 = Ventilkolben; 14 = Zylinderkopf; 15 = Ventilkörper; 16 = Federteller mit Druckfeder; 17 = Anker

oberer Totpunkt der Hochdruckpumpe verschoben wird, desto kleiner ist die Fördermenge. Zusammenfassend handelt es sich bei dem eSV um ein aktorbetätigtes Ventil, das den Förderbeginn des Pumpenkolbens definiert.

3.3.5 Hauptbauarten für Pkw

Die bei Pkw in Europa eingesetzten Radialkolben-Hochdruckpumpen sind ausnahmslos kraftstoffgeschmiert. Aufgrund der gegenüber Motoröl geringeren Schmierfähigkeit des Kraftstoffs werden an die Oberflächenqualität der an der Hochdruckerzeugung beteiligten Bauelemente höchste Anforderungen gestellt. Die Kraftstoffschmierung vermeidet sicher eine Fluidvermischung von Kraftstoff und Motoröl, die wegen der Gefahr der Ölverdünnung und Düsenverkokung durch Ölanteile im eingespritzten Kraftstoff sowie wegen der nachteiligen Auswirkung auf die Emissionen unerwünscht ist.

3.3.5.1 Common-Rail-Ein-Kolben- und -Zwei-Kolben-Radial-Hochdruckpumpe CP4

Die Bosch-Hochdruckpumpe CP4 mit zwei Kolben ist in Abb. 3.20 dargestellt. Um einen gleichmäßigen Förderstrom zu erzielen, sind die beiden Kolben unter einem Winkel von 90° angeordnet. Sie besitzt wie die Ein-Kolben-Variante (Abb. 3.21) eine Antriebswelle (Abb. 3.20, Pos. 3 und Abb. 3.21, Pos. 5) mit Doppelnocken (14). Als Übertragungselement zwischen der umlaufenden Nockenbahn und dem Hochdruckelement dient eine im Stößel (12) gelagerte Rolle (13).

Durch Variation der Pumpenelemente können mit nur einer Basiskonstruktion (Abb. 3.22) durch Anpassung des Übersetzungsverhältnisses zwischen Motor- und Pumpendrehzahl alle Motoren mit drei bis zu acht Zylindern einspritzsynchron bedient werden. Da die Pumpe für höchste Drehzahlen ausgelegt ist, kann die Ein-Kolben-Pumpe vorteilhaft mit einem Übersetzungsverhältnis von 1 : 1 angetrieben werden. Neben der bei Vierzylindermotoren elementsynchronen Förderung kann damit die geringe Kolbenzahl hinsichtlich Fördermenge gut kompensiert werden. Durch die Variation des Pumpen-Nockenhubs ist die jeweils optimale Pumpenförderleistung in Abhängigkeit von der Motorleistung auswählbar, sodass die Belastung für den Antrieb sowohl der Pumpe als auch des Motors auf ein Minimum reduziert werden kann.

Das einzige hochdruckführende Bauteil ist der aus hochfestem Stahl gefertigte Zylinderkopf (Abb. 3.21, Pos. 7). Da es innerhalb des Pumpengehäuses keine druckbegrenzenden Hochdruck-Verbindungsbohrungen gibt und der kompakte Zylinderkopf neben kleinen Totvolumina belastungsoptimierte Verrundungen aufweist, können deutlich höhere Systemdrücke realisiert werden. Die im Zylinderkopf integrierten Ventile (Saugventil (8)

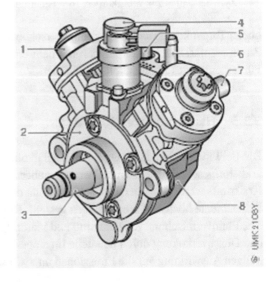

Abb. 3.20 Common-Rail-Zwei-Kolben-Hochdruckpumpe Typ CP4, Robert Bosch GmbH: 1 = Zylinderkopf; 2 = Anbauflansch; 3 = Antriebswelle (Nockenwelle); 4 = Zumesseinheit; 5 = Zulaufanschluss; 6 = Rücklaufanschluss; 7 = Hochdruckanschluss; 8 = Gehäuse

Abb. 3.21 Common-Rail-Ein-Kolben-
Hochdruckpumpe Typ CP4, Robert
Bosch GmbH: 1 = Zumesseinheit;
2 = Aluminiumgehäuse;
3 = Pumpenflansch; 4 = Gleitlager;
5 = Antriebswelle (Nockenwelle);
6 = Wellendichtring; 7 = Zylinderkopf;
8 = Saugventil; 9 = Hochdruckanschluss
zum Rail; 10 = Hochdruckventil;
11 = Pumpenkolben; 12 = Rollenstößel;
13 = Rolle; 14 = Doppelnocken

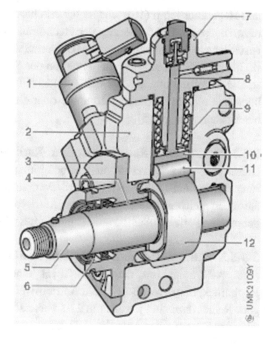

Abb. 3.22 Baukastenprinzip der
Hochdruckpumpe CP4 von Bosch:
1 = Zylinderkopf, Variation: Hochdruck-
Abgangsrichtung; 2 = Gehäuse für Ein-
oder Zwei-Stempel-Pumpe; 3 = Antrieb
über Doppelnocken, Variation: Hub

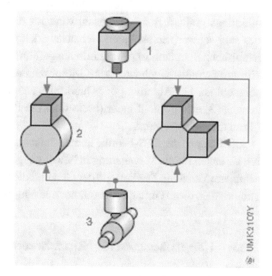

und Hochdruckventil (10)) sind an die erhöhte Förderfrequenz infolge synchroner Förderung angepasst. Die Steuerung der Hochdruckmenge erfolgt saugseitig über die bereits beschriebene Mengenregelung (ZME oder eSV). Das aus Aluminium gefertigte Gehäuse (2) hat hydraulisch nur noch die Funktion der Niederdruckführung.

Die Bereitstellung des für die Zylinderfüllung notwendigen Vorförderdrucks erfolgt über eine elektrische Kraftstoffpumpe oder eine von der Pumpennockenwelle angetriebene Zahnradpumpe [5].

3.3.5.2 Common-Rail-Drei-Kolben-Radial-Hochdruckpumpe

Dieses eingangs schon erwähnte Pumpenprinzip zeichnet sich durch eine Kraftstoffförderung mit drei um 120° versetzten Fördervorgängen aus, die zu einem gegenüber Nockenantrieben gleichmäßigeren Verlauf des Antriebsdrehmoments der Pumpe führt. Die Mengenregelung erfolgt über die angebaute Zumesseinheit.

3.3.5.3 Common-Rail-Drei-Kolben-Radial-Hochdruckpumpe CP1H

Abb. 3.23 zeigt mit dem Typ CP1H eine charakteristische Drei-Kolben-Radial-Hochdruckpumpe von Bosch. Die Antriebswelle (1) ist zentral im Pumpengehäuse gelagert. Radial dazu sind jeweils um 120° versetzt die Pumpenelemente (3) angeordnet. Der auf dem Exzenter der Antriebswelle aufgesetzte Polygonring (2) bewirkt eine Auf- und Abwärtsbewegung der Pumpenkolben.

3.3.5.4 Common-Rail-Drei-Kolben-Radial-Hochdruckpumpe CP3

Gegenüber der CP1H wird die CP3 (Abb. 3.24) mit einem Schmiedestahlgehäuse in Monoblock-Bauweise (1) ausgeführt. Dadurch erzielt man eine hohe Druckfestigkeit bei allerdings großem Bearbeitungsaufwand für die langen Hochdruckbohrungen innerhalb des sehr schwer zerspanbaren Gehäusewerkstoffs. Die Niederdruckkanäle befinden sich hauptsächlich in dem in Aluminium ausgeführten Pumpenflansch (6), der das kundenspezifische Schnittstellenbauteil zum Motor darstellt und mit dem Monoblock-Gehäuse verschraubt ist. Die Ableitung der Querkräfte aus der Querbewegung der Laufrolle des Exzenters (3) erfolgt nicht mehr direkt über die Pumpenkolben, sondern über Tassenstößel (4) an die Gehäusewand.

Die Pumpen der CP3-Familie kamen zuerst bei Pkw-Systemen zum Einsatz, später folgten Varianten für die Verwendung in Nfz mit angeflanschter Zahnradpumpe (auch eine ölgeschmierte Variante). Die Vorteile der CP4 und die höheren realisierbaren Drücke haben dazu geführt, dass diese Pumpe heute nur noch in einigen Nfz-Anwendungen Verwendung findet.

3.3.6 Hauptbauarten für Nutzfahrzeuge

Die bisher beschriebenen Pumpen kommen auch im Nutzfahrzeugbereich zum Einsatz, insbesondere im Light- und Medium-Duty-Anwendungsbereich. Die im Heavy-Duty-Bereich verwendeten Pumpen wurden in der Vergangenheit mit Rücksicht auf die großen

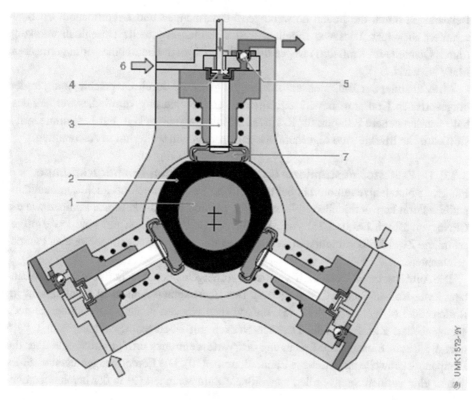

Abb. 3.23 Common-Rail-Drei-Kolben-Hochdruckpumpe Typ CP3, Robert Bosch GmbH: 1 = Antriebswelle mit Exzenter; 2 = Polygonring; 3 = Pumpenelement mit Pumpenkolben; 4 = Ansaugventil (Einlassventil); 5 = Auslassventil; 6 = Kraftstoffzulauf; 7 = Kolbenfußplatte

Abb. 3.24 Common-Rail-Drei-Kolben-Hochdruckpumpe Typ CP3, Robert Bosch GmbH: 1 = Stahl-Monoblock-Gehäuse; 2 = Exzenterwelle; 3 = Polygon auf Exzenter; 4 = Tassenstößel; 5 = Zumesseinheit; 6 = Pumpenflansch; 7 = Pumpenkolben

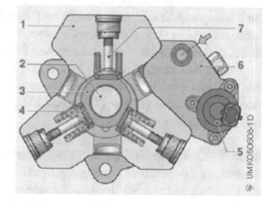

Belastungen durch die hohen notwendigen Fördermengen und Lebensdauern oft ölge-schmiert ausgelegt. Dies war möglich, weil sich eine eventuelle Düsenlochverkokung (durch Ölanteile im Kraftstoff) wegen der größeren Spritzlochdurchmesser in geringerem Maße auswirkt.

Mit Zunahme der Emissionsanforderungen muss die durch Ölverschleppung in den eingespritzten Kraftstoff bewirkte Emissionsverschlechterung vermieden werden, des-halb wurden neuere Pumpen für Kraftstoffschmierung entwickelt. Für bestimmte kraft-stoffkritische Märkte sind ölgeschmierte Pumpen jedoch weiterhin in Anwendung.

3.3.6.1 Kraftstoffgeschmierte Common-Rail-Reihen-Hochdruckpumpe

Für große Nutzfahrzeugmotoren, bei denen in der Vergangenheit oft auch Bauraumkom-patibilität mit konventionellen Reihenpumpen gefordert wurde, kommen Pumpen wie die CPN5 von Bosch (Abb. 3.25) zur Anwendung. Es handelt sich um eine kraftstoffge-schmierte Zwei-Kolben-Pumpe in Reihenbauart mit hintereinander angeordneten Pumpe-nelementen.

Die Antriebseinheit ist ähnlich wie die im vorhergehenden Abschnitt beschriebene Ein- bzw. Zwei-Kolben-Pumpe CP4 aufgebaut. Das Übertragungselement ist ebenfalls eine im Rollenstößel (4) gelagerte Rolle (5), die auf dem Nocken abläuft. Es kommen je nach Mengenbedarf Zweifach- oder Dreifach-Nocken mit Übersetzungsverhältnissen 1 : 1,5 oder 1 : 1 zum Einsatz. Die Erzeugung des Vorförderdrucks erfolgt durch eine über die Pumpennockenwelle angetriebene Zahnradpumpe (10). Die Fördermengenregelung über-nimmt eine vor den Saugventilen angeordnete Zumesseinheit (9) in der bereits oben be-schriebenen Weise.

Für druckübersetzte Common-Rail-Systeme wurde von Bosch eine modifizierte CPN5-Variante entwickelt, die auf hohe Fördermengenleistung bei abgesenktem Rail-druckniveau ausgelegt ist.

3.3.6.2 Ölgeschmierte Common-Rail-Reihen-Hochdruckpumpe

Im Nfz-Segment besteht, insbesondere bei Umstellung eines Motors von einem mechani-schen auf ein Common-Rail-Einspritzsystem, häufig die Forderung der Antriebskompati-bilität, d. h. Antrieb der Pumpe mit gleichem Übersetzungsverhältnis, sodass keine Ände-rungen am Rädertrieb notwendig sind. Dazu gehört auch die Ölschmierung der Pumpe. Die Versorgung mit Schmieröl erfolgt entweder direkt über den Anbauflansch der Pumpe oder einen seitlichen Zufluss. Der Schmierölrücklauf erfolgt über den vorderen Antriebs-lagerdeckel in die Ölwanne des Motors.

3.3.6.3 Common-Rail-Reihen-Hochdruckpumpe CPN2

Aufbau und Funktion der mengengeregelten Hochdruckpumpe CPN2 (Abb. 3.26) sind mit der kraftstoffgeschmierten Hochdruckpumpe vergleichbar. Das Design mit ölgeschmier-tem Nockenantrieb ist abgeleitet von mechanisch geregelten Reihenpumpen. Anhand der Darstellung kann die Gestaltung der Kraftstoffversorgung bei Hochdruckpumpen mit an-

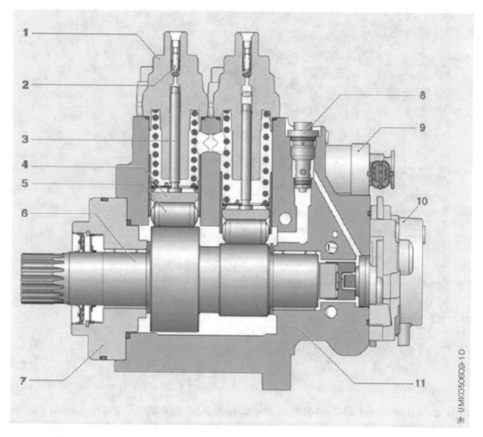

Abb. 3.25 Common-Rail-Zwei-Kolben-Hochdruckpumpe Typ CPN5, Robert Bosch GmbH: 1 = Zylinderkopf mit Hochdruckanschluss zum Rail; 2 = Hochdruckventil; 3 = Pumpenkolben; 4 = Rollenstößel; 5 = Rolle; 6 = Nockenwelle mit Zweifachnocken; 7 = Pumpenflansch; 8 = Überströmventil; 9 = Zumesseinheit; 10 = Zahnradvorförderpumpe; 11 = Aluminiumgehäuse

geflanschter Zahnradpumpe gezeigt werden. Die Zahnrad-Vorförderpumpe (14) saugt den Kraftstoff über den Kraftstoffeinlass (12) aus dem Tank an und leitet ihn dann über den Kraftstoffauslass (13) zum Kraftstofffeinfilter. Von dort gelangt er über die Zumesseinheit (2) in den Hochdruckbereich der Pumpe.

3.3.6.4 Common-Rail-Reihen-Hochdruckpumpe CB

Für Nutzfahrzeugmotoren in Wachstumsmärkten, bei denen die Antriebskompatibilität zu konventionellen mechanischen Einspritzsystemen hohe Priorität hat, wurde die CB-Pumpenfamilie von Bosch entwickelt.

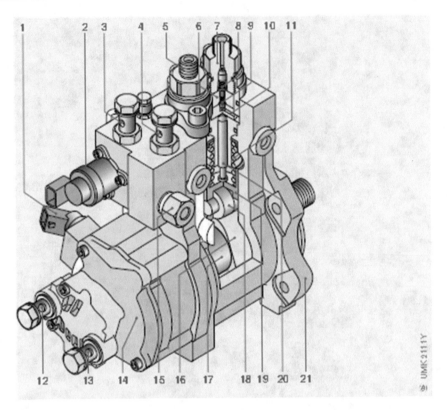

Abb. 3.26 Common-Rail-Zwei-Kolben-Hochdruckpumpe Typ CPN2, Robert Bosch GmbH: 1 = Drehzahlsensor (Pumpendrehzahl); 2 = Zumesseinheit; 3 = Kraftstoffzulauf zur Zumesseinheit (vom Kraftstofffilter); 4 = Kraftstoffrücklauf zum Kraftstoffbehälter; 5 = Hochdruckanschluss; 6 = Ventilkörper; 7 = Ventilhalter; 8 = Auslassventil mit Ventilfeder; 9 = Einlassventil mit Ventilfeder; 10 = Kraftstoffzulauf zum Pumpenelement; 11 = Kolbenfeder; 12 = Kraftstoffzulauf (vom Kraftstoffbehälter); 13 = Kraftstoffauslass zum Kraftstofffilter; 14 = Zahnrad-Vorförderpumpe; 15 = Überströmventil; 16 = Nocken; 17 = Nockenwelle; 18 = Rollenbolzen mit Rolle; 19 = Rollenstößel; 20 = Pumpenkolben; 21 = Anbauflansch

Die CB-Pumpenfamilie (Beispiel: CB18, Abb. 3.27) beinhaltet sowohl Zweizylinder- als auch Einzylindertypen sowie eine Steckpumpenversion und kann damit Anwendungen bis zum Medium-Duty-Bereich abdecken. Die Mengenregelung erfolgt über eine saugseitig angeordnete Zumesseinheit, eine angeflanschte Flügelzellenpumpe erzeugt den Vorförderdruck.

3.3.6.5 Common-Rail-Steckpumpe

Eine Steckpumpe ist eine im Motorblock platzierte Einzylinder-Hochdruckpumpe ohne eigenes Gehäuse und ohne eigene Antriebswelle. Die Hubkräfte zur Hochdruckerzeu-

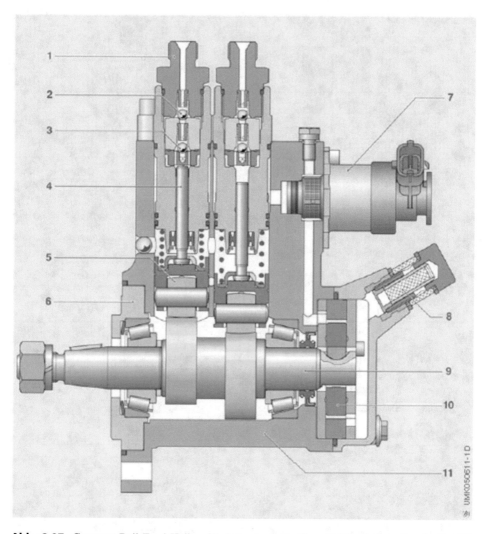

Abb. 3.27 Common-Rail-Zwei-Kolben-Hochdruckpumpe Typ CB18, Robert Bosch GmbH: 1 = Hochdruckanschluss zum Rail; 2 = Hochdruckventil; 3 = Saugventil; 4 = Pumpenkolben; 5 = Rollenstößel; 6 = Pumpenflansch; 7 = Zumesseinheit; 8 = Niederdruckanschluss; 9 = Nockenwelle; 10 = Flügelzellen-Vorförderpumpe; 11 = Aluminiumgehäuse

gung werden direkt von einem Nocken der Motor-Kurbelwelle bzw. -Nockenwelle erzeugt, der Rollenstößel wird im Motorgehäuse geführt. Die Niederdruck-Vorförderpumpe und die Zumesseinheit sind als extern platzierte Baugruppen realisiert. Dadurch ist eine sehr kompakte Bauweise der Steckpumpeneinheit möglich. Abb. 3.28 zeigt die Steckpumpe PF45 (Pumpe mit Fremdantrieb). Varianten davon werden auch für Pkw-Anwendungen eingesetzt.

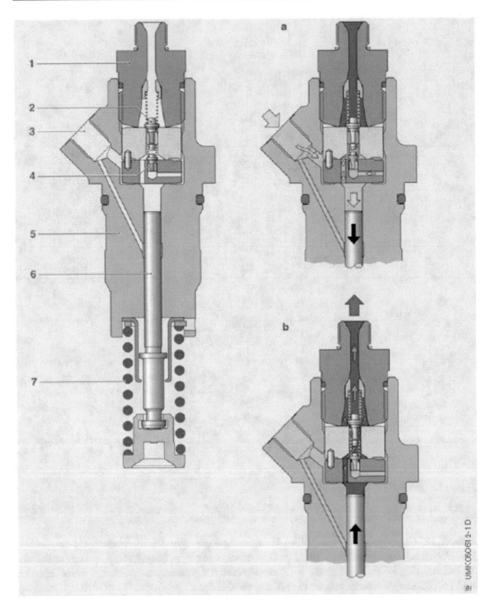

Abb. 3.28 Common-Rail-Steckpumpe Typ PF45, Robert Bosch GmbH: **a** Saughub (Saugventil geöffnet, Hochdruckventil geschlossen), **b** Förderhub (Saugventil geschlossen, Hochdruckventil geöffnet). 1 = Hochdruckanschluss zum Rail; 2 = Hochdruckventil; 3 = Niederdruckanschluss; 4 = Saugventil; 5 = Pumpenkörper; 6 = Pumpenkolben; 7 = Stößelfeder

3.4   Hochdruck-Kraftstoffspeicher und -Anbaukomponenten

3.4.1   Hochdruck-Kraftstoffspeicher

Der Hochdruck-Kraftstoffspeicher (Rail) dient dazu, den von der Hochdruckpumpe gelieferten Kraftstoff bei hohem Druck zu speichern und die Injektoren mit der nötigen Kraftstoffmenge zu versorgen. Dabei beinhalten diese beiden Hauptfunktionen auch die Dämpfung von Druckschwankungen bei der Befüllung und Entnahme von Kraftstoff aus dem Rail. Die zulässige Raildruckschwankung stellt ein Auslegungskriterium für das Rail dar. Das Ziel sind ähnliche Druckverhältnisse an jedem Zylinder, an gleichen Betriebspunkten und bei jeder Einspritzung, wodurch zu große Injektor-zu-Injektor-Streuungen verhindert werden können. Weiterhin erfüllt das Rail noch folgende Nebenfunktionen:

- Anbauort von Sensoren und Aktoren im Hochdruckkreis,
- Einbauort von Drosselelementen zur Dämpfung von Leitungsdruckschwingungen zwischen Hochdruckpumpe und Rail sowie den Injektoren und Rail,
- Verbindungselement der Komponenten im Hochdruckkreis des Common-Rail-Systems wie Hochdruckpumpe und Injektoren über die Hochdruckleitungen sowie das Steuergerät über die Kabelverbindungen.

3.4.1.1   Aufbau und Funktion
Abb. 3.29 zeigt ein typisches Rail mit Anbaukomponenten für eine Pkw-Anwendung. Der von der Hochdruckpumpe verdichtete Kraftstoff wird über eine Hochdruckleitung zum

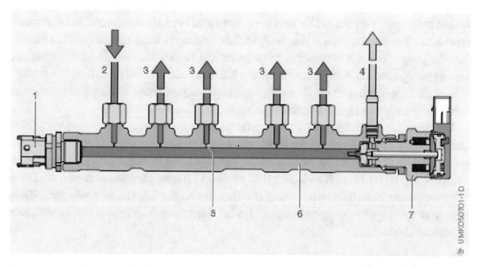

Abb. 3.29 Typisches Rail mit Anbaukomponenten für eine Pkw-Anwendung (Vierzylindermotor): 1 = Raildrucksensor; 2 = Zulauf von der Hochdruckpumpe; 3 = Hochdruckabgang zum Injektor; 4 = Rücklauf vom Rail zum Kraftstoffbehälter; 5 = Dämpfungsdrossel; 6 = Rail, 7 = Druckregelventil

Rail geführt (2) und dort gespeichert. Das im Rail vorhandene Volumen und die Kompressibilität des Kraftstoffs bewirken, dass Druckschwankungen, die durch Entnahme während der Einspritzung und Zufluss von Kraftstoff hervorgerufen werden, gedämpft werden. Der Druck im Rail hängt somit neben den Verbrauchern und der Pumpe vom Speicherverhalten des Rails selbst ab. Der aktuelle Druck im Rail wird vom Raildrucksensor (1) gemessen. Stellgrößen zur Beeinflussung des Raildrucks sind neben der Hochdruckpumpe und den Injektoren das am Rail angebaute Druckregelventil (7). Die bei der Druckregelung abgesteuerte Kraftstoffmenge gelangt über den Anschluss (4) zum Niederdruckkreis. Als Alternative zum Druckregelventil wird abhängig von den Systemanforderungen ein Druckbegrenzungsventil eingesetzt, das die Aufgabe hat, den Kraftstoffdruck im Rail auf den maximal zulässigen Druck zu begrenzen. Über die Hochdruckleitungen (3) wird der hochverdichtete Kraftstoff vom Rail zu den Injektoren geleitet. Drosselelemente (5) dienen dabei zur Dämpfung von Druckschwankungen in der Leitung und zur Reduzierung der Belastung der angeschlossenen Komponenten.

3.4.1.2   Auslegung

Die Auslegung des Rails folgt einem Zielkompromiss. Einerseits sollte das Speichervolumen möglichst groß sein, um die Druckschwingungen, die aufgrund der pulsierenden Pumpenförderung und der Einspritzungen entstehen, zu dämpfen und einen weitestgehend konstanten Raildruck sicherzustellen. Andererseits wäre ein möglichst kleines Hockdruckvolumen optimal, um auf dynamische Sollwertänderungen des Raildrucks (z. B. schneller Druckaufbau beim Start, große Druckaufbau- bzw. -abbaugradienten beim Motorlastwechsel) genügend schnell reagieren zu können. Mithilfe von Simulationen des Gesamtsystems an repräsentativen Lastpunkten und der Verifikation an hydraulischen Prüfständen wird das minimal erforderliche Railvolumen als Funktion der Haupteinspritzmenge bei gegebener Motorkonfiguration ermittelt. Die Randbedingung gleicher Leitungslängen im Hochdrucksystem zur Vermeidung von Zylinder-Zylinder-Streuungen kann allerdings dazu führen, dass die Länge des Rails motorseitig vorgegeben sein kann. Weiterhin sind fahrzeugseitige Bauraumvorgaben und Fertigungsaspekte des Rails zu beachten. Letztlich liegt das tatsächlich gewählte Railvolumen oft über dem funktional vorgegebenen Minimalvolumen, ohne dabei die geforderten Dynamikanforderungen merklich zu beeinflussen.

Die Dämpfungsdrosseln sind als Kompromiss zwischen kleinstmöglichem Druckabfall und größtmöglicher Dämpfung der Reflexionswellen zwischen Rail und den Verbrauchern ausgelegt. Die Drosseldurchmesser aktueller Applikationen bewegen sich je nach Anwendung (Pkw, Nfz) im Bereich zwischen 0,85 mm und 1,3 mm. Funktional dienen die Drosselelemente zur Belastungsreduzierung der Pumpe und der Injektoren sowie zur Dämpfung von Leitungsdruckschwankungen, die bei Mehrfacheinspritzung die Zumessgüte vermindern können.

3.4.1.3   Bauarten

Die gewählte Bauform des Rails hängt maßgeblich von den Motorgegebenheiten und der Ausführung des Common-Rail-Systems selbst ab. Je nach Fertigungskonzept sind Rails aus Schmiederohlingen oder Rohrhalbzeugen ausgeführt, wobei der Trend mit steigenden Drücken zum Schmiederail geht. Die sich bei der Spanbearbeitung ergebenden Verschneidungen werden i. d. R. verrundet, um die geforderte Festigkeit zu erreichen. Die Dämpfungsdrosseln an den Hochdruckabgängen zu den Injektoren bzw. im Zulauf von der Hochdruckpumpe können gebohrt oder als separate Bauteile eingepresst werden. Bei Reihenmotoren wird im System ein Rail eingesetzt, während bei V-Motoren üblicherweise pro Zylinderbank des Motors ein Rail zum Einsatz kommt. Die spezielle Ausführung ist wieder motorabhängig und kann Ausgleichsleitungen zwischen den Rails oder gar Verbindungsrails enthalten, die eine möglichst gleiche Druckverteilung zwischen Motorbänken und -zylindern sicherstellen.

3.4.2   Anbaukomponenten

3.4.2.1   Raildrucksensor
Der Raildrucksensor dient zur Erfassung des aktuellen Raildrucks. Der Sensor ist am Rail verbaut und elektrisch mit dem Steuergerät verbunden.

3.4.2.2   Druckregelventil
Das Druckregelventil (DRV) hat die Aufgabe, als hochdruckseitiger Steller im Hochdruckregelkreis den Raildruck einzustellen und zu halten. Dies geschieht durch Veränderung eines Querschnitts im Druckregelventil, über das, je nach anstehendem Druck und elektrischem Strom, mehr oder weniger Kraftstoff von der Hochdruckseite auf die Niederdruckseite abgesteuert wird. Für Pkw-Anwendungen gibt es zwei mögliche Anbindungen mit dem Niederdruckkreis. Während bei der klassischen Ausführung des Druckregelventils die Absteuermenge direkt in den Tank geleitet wird, führt man bei modernen Systemauslegungen die Absteuermenge mittels eines optimierten Druckregelventils in den Kraftstoffzulauf vor den Kraftstofffilter. Damit lässt sich bei Kälte die Absteuerenergie zur Kraftstoffvorwärmung nutzen, womit auf eine zusätzliche elektrische Filterheizung im System verzichtet werden kann. Abb. 3.30 zeigt den Aufbau und die funktionsbestimmenden Bauteile eines Pkw-Druckregelventils.

3.4.2.3   Aufbau
Das Druckregelventil für Pkw-Anwendungen (Abb. 3.30) wird mittels Überwurfschraube (3) im Rail befestigt, wobei das Befestigungskonzept eine freie Orientierung des elektrischen Anschlusses (5) erlaubt. Die Abdichtung gegen die Hochdruckseite erfolgt über eine Beißkante. Bei angesteuertem Magnetventil drückt der Anker (8) die Ventilkugel (1) in den Dichtsitz, um die Hochdruckseite gegen die Niederdruckseite abzudichten. Stromlos ist das Ventil geöffnet. Zur Schmierung und zur Wärmeabfuhr wird der gesamte Anker mit Kraftstoff umspült.

Die für Druckbereiche > 2000 bar entwickelten Common-Rail-Systeme für Nutzfahrzeuganwendungen zielen auf eine hohe hydraulische Effizienz bei Druckerzeugung und

Abb. 3.30 Druckregelventil (DRV) für
Pkw-Anwendungen: 1 = Ventilkugel;
2 = Sprengring; 3 = Überwurfschraube;
4 = Ventilgehäuse; 5 = Elektrischer
Anschluss; 6 = Filter; 7 = Ventilkörper;
8 = Magnetanker; 9 = Spule; 10 = Feder;
11 = O-Ring; 12 = Abschlussdeckel

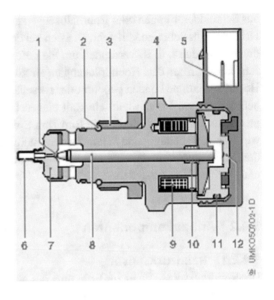

Einspritzung. Eine Maßnahme dazu ist das Eliminieren der internen Leckage des Injektors
[6, 7]. Dies hat allerdings zur Folge, dass im Gegensatz zu früheren, leckagebehafteten
Injektorgenerationen ein Druckabbau ohne Einspritzung nicht stattfinden kann. Die teilweise vom Markt geforderte hohe Druckregeldynamik im Schubbetrieb des Motors kann
dadurch nicht mehr gewährleistet werden. Zusätzlich kann daher ein am Rail angebautes
Druckregelventil zum Einsatz kommen. Dieses unterscheidet sich gegenüber der Pkw-
Variante neben den notwendigen höheren Durchflüssen hauptsächlich dadurch, dass bei
Anwendungen für Nutzfahrzeuge und Schiffe eine Notfahrfunktion zwingend erforderlich
ist. Dazu muss das Druckregelventil im Fall eines elektrischen Ausfalls, d. h. stromlos
geschlossen sein. Die schließwirkende Feder (Abb. 3.31, Pos. 12) ist so ausgelegt, dass ein
minimaler Systemdruck und damit ein Fahrbetrieb in einem eingeschränkten Betriebsbereich gewährleistet werden kann. Zusätzlich kann die Komponente im Fall eines Ausfalls
der Zumesseinheit eine auf den Druckregelventil-Betriebsbereich eingeschränkte Druck-
regelfunktion übernehmen. Das Druckregelventil beinhaltet somit neben der Druckabbau-
funktion im Bereich des Notfahrbetriebs auch eine Druckregel- und Druckbegrenzungs-
funktion. Abb. 3.31 zeigt den Aufbau und die funktionsbestimmenden Bauteile des
Druckregelventils für Nfz-Anwendungen, die Unterschiede zum Druckregelventil für
Pkw-Anwendungen sind in Abb. 3.32 schematisch dargestellt.

3.4.2.4 Arbeitsweise

Im Ventilkörper befindet sich ein Ventilsitz, der über einen Drosselquerschnitt angeströmt
wird. Die Ventilkugel steht im Kräftegleichgewicht von hydraulischer Kraft F_R infolge der
Anströmung sowie von Federkraft F_F und Magnetkraft F_M, die über den Magnetanker auf die
Kugel ausgeübt wird (Abb. 3.32). Erhöht sich die hydraulische Kraft infolge größerer Durch-
sätze über den Ventilquerschnitt, so lenkt diese die Kugel und damit den Magnetanker stär-
ker aus, was zu einer Erhöhung des Durchflusses durch das Druckregelventil führt. Als Folge

Abb. 3.31 Druckregelventil (DRV) für
Nfz-Anwendungen: 1 = Ventilkugel;
2 = O-Ring; 3 = Sprengring;
4 = Überwurfschraube;
5 = Ventilgehäuse; 6 = elektrischer
Anschluss; 7 = Filter; 8 = Ventilkörper;
9 = Magnetanker; 10 = Spule;
11 = O-Ring; 12 = Feder;
13 = Abschlussdeckel

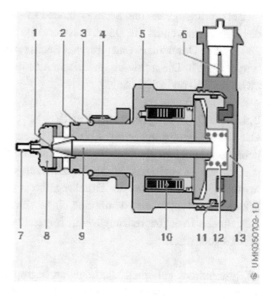

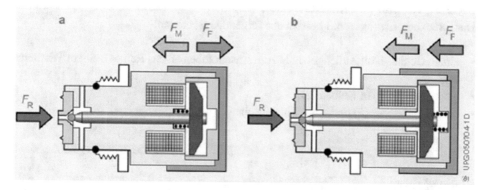

Abb. 3.32 Schematische Darstellung der Unterschiede zwischen den Druckregelventilen für Pkw
(**a**) und Nfz (**b**): F_R = hydraulische Kraft infolge Anströmung; F_M = Magnetkraft; F_F = Federkraft

fällt der Druck im Rail ab. Soll einem größeren mittleren Druck Stand gehalten werden, wird
über das Steuergerät durch Pulsweitenmodulation dem Magneten ein höherer mittlerer
Strom aufgeprägt, wodurch die Magnetkraft erhöht wird. Im regelungstechnischen Sinne
handelt es sich bei dieser Ventilausführung um ein PI-Glied, das über eine langsame integra-
tive Führungsgröße und eine schnelle proportionale Störgrößenaufschaltung verfügt. Damit
werden hochdynamische Druckschwankungen proportional ausgeglichen und über den Inte-
grator in der Regelkaskade die bleibende Regelabweichung zu null geführt.

Um unerwünschte Hystereseeffekte auszuschließen, wird dem Stromsignal eine
Dither-Frequenz überlagert, die den Magnetanker stets in Bewegung hält. Die Frequenz ist
so gewählt, dass der aktuelle Raildruck davon nicht negativ beeinflusst wird.

Bei typischen Vier- und Sechszylinder-Pkw-Anwendungen liegen je nach Arbeitspunkt des Druckregelventils die Durchflusswerte zwischen 0 und 180 l/h bzw. zwischen 0 und 240 l/h. Die Durchflusswerte typischer Sechszylinder-Nfz-Anwendungen liegen zwischen 0 und 300 l/h. Die mittleren elektrischen Ströme liegen dabei unter 1,8 A bei Drücken zwischen 250 und 2500 bar.

3.4.2.5 Druckbegrenzungsventil

Das Druckbegrenzungsventil (Abb. 3.33) ist eine mechanisch arbeitende Komponente die neben der Funktion als Überdruckventil auch eine Notfahrfunktion beinhaltet. Zum Einsatz kommt es vorzugsweise bei Nutzfahrzeuganwendungen, die zum einen über keinen hochdruckseitigen Steller im Druckregelkreis verfügen und zum anderen Notfahreigenschaften des Motors und damit eine eingeschränkte Weiterfahrt fordern. Daraus ergeben sich für das Druckbegrenzungsventil folgende Hauptfunktionen im Fehlerfall des Hochdruckregelkreises:

- Systemdruck auf einen Maximalwert begrenzen,
- gesteuerten Raildruck in einem eingeschränkten Betriebsbereich gewährleisten.

3.4.2.6 Aufbau und Arbeitsweise

Das Druckbegrenzungsventil besteht aus folgenden Bauteilen:

- einem Gehäuse mit Außengewinde zum Anschrauben an das Rail (4), einem Ventileinsatz (1),
- einem beweglichen Kolben (2),
- einer Druckfeder (5) und einer Einstellscheibe (6).

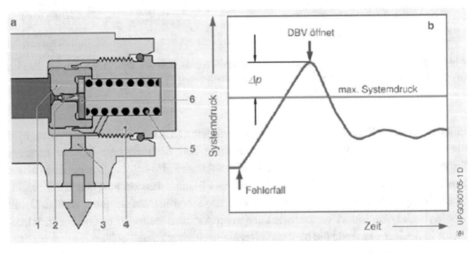

Abb. 3.33 Druckbegrenzungsventil (DBV) mit Notlauffunktion: **a** Aufbau, **b** Druckverlauf im Fehlerfall. 1 = Ventileinsatz; 2 = Ventilkolben; 3 = Niederdruckbereich; 4 = Ventilgehäuse; 5 = Druckfeder; 6 = Einstellscheibe

Das Druckbegrenzungsventil (DBV) ist in das Rail eingeschraubt und steht mit einem federbelasteten Ventilbolzen über einen Dichtsitz mit dem hochverdichteten Kraftstoff in Kontakt. Auf der Rückseite des Dichtsitzes ist das Ventil über die Rail-Schnittstelle mit dem Niederdruckrücklauf des Common-Rail-Systems verbunden. Bewegt sich der Raildruck innerhalb des zulässigen Bereichs, bleibt das Ventil durch die Federkraft verschlossen und ist gegenüber dem Rücklauf dicht. Tritt im Fehlerfall eine Überschreitung des maximal zulässigen Systemdrucks auf, öffnet das Ventil, begrenzt den Systemdruck und regelt über die Arbeitsbewegung des Ventilkolbens den Hochdruck durchflussabhängig. Um sicherzustellen, dass das Ventil unter allen Betriebsbedingungen und über die Lebensdauer nur im Fehlerfall öffnet, muss der Öffnungsdruck um 200–600 bar (Δp in Abb. 3.33) über dem Systemnenndruck liegen. Die Druck-Durchfluss-Kennlinie ergibt sich aus dem Gleichgewicht zwischen der Federkraft und der durch die Steuerkanten des Ventilkolbens bestimmten hydraulischen Kraft. Durch Fehlererkennung im Steuergerät kann die Fördermenge der Hochdruckpumpe über die Motordrehzahl so eingehalten werden, dass der Notlaufdruck im Rail der Durchflusskennlinie des Druckbegrenzungsventils folgt. Die Notlaufkennlinie wird so ausgelegt, dass sich der Notlaufdruck in motorisch sinnvollen Grenzen bewegt, um ein Nutzfahrzeug in einem eingeschränkten Lastbereich betreiben zu können.

3.5   Hochdruckkomponenten des Common-Rail-Systems für Großdieselmotoren

Einspritzsysteme für Großdieselmotoren müssen einen extrem großen Anwendungsbereich abdecken (Tab. 3.3) und für beliebige Zylinderkonfigurationen, d. h. vom Reihen-Vierzylindermotor bis zum V24-Zylindermotor, anwendbar sein. Dazu werden Lebensdauern von 80.000 h, ein einfacher Austausch im Servicefall und Instandsetzungsfähigkeit erwartet. Erschwerend wirken sich dabei der gegenüber Straßenfahrzeugen deutlich höhere Volllastbetriebsanteil und die damit verbundene Dauerbelastung sowie die schlechten Rahmenbedingungen (Umgebungsbedingung, nichtkonforme Kraftstoffqualität) aus.

Die geringen Stückzahlen (100 bis 50.000 Injektoren pro Jahr) sind eine weitere Herausforderung an den Hersteller des Einspritzsystems hinsichtlich stabiler Fertigungsprozesse, hoher Gutausbringung und Erprobung. Dazu kommen anspruchsvolle Lastenheftanforderungen vonseiten der Motorhersteller [8]:

Tab. 3.3 Klassifizierung von Großdieselmotoren

Motorkategorie	Schwerlastwagen-Derivate	Schnellläufer	Mittelschnellläufer (Viertaktmotor)		Langsamläufer (Zweitaktmotor)
Zyl.-Volumen (l)	< 2,5	2,5 … 7	4 … 32	33 … 290	134 … 1800
Zyl.-Leistung (kW)	≤ 120	≤ 250	≤ 500	≤ 2100	≤ 7760
Drehzahl (min^{-1})	≥ 1400	≥ 1400	< 1400	≥ 450	< 450

- drehzahlunabhängiger, frei einstellbarer Systemdruck von bis zu 2200 bar,
- Mehrfach- und Kleinstmengenfähigkeit (Voreinspritzmengen bis < 1 % der Volllast-menge) und geringe Injektor-zu-Injektor-Streuung,
- Entkopplung von Druckwellen im Leitungssystem,
- Injektoren mit integriertem Speichervolumen, um lange Rails zu vermeiden und flexi-ble Einbausituationen am Motor zu ermöglichen. Dazu wird ein hoher Druck vor dem Spritzloch gefordert, d. h., die Drosselverluste in den bis zu 650 mm langen Injektoren sind gering zu halten.

Diese Forderungen führten auch im Großdieselmotorsegment zur Entwicklung flexibler Common-Rail-Systeme und damit zur Verdrängung der bis dahin dominierenden nocken-getriebenen Einspritzsysteme (Reihenpumpe, Unit-Injector- und Unit-Pump-System) [9].

Common-Rail-Systeme für schnell laufende Großdieselmotoren bis 2,5 l Hubraum pro Zylinder basieren bei Bosch auf Hochdruckkomponenten für Nutzfahrzeuge [10]. Für grö-ßere Motoren wurde das besonders robuste modulare Common-Rail-System (MCRS) ent-wickelt. Die einzelnen Komponenten und deren Unterschiede zu den Pkw- und Nfz- Kom-ponenten werden nachfolgend erläutert.

3.5.1 Injektoren

3.5.1.1 Aufbau und Funktion

Aufgrund der zuvor aufgeführten Forderungen und Erwartungen kommen wie im Nfz-Bereich nur Injektoren mit Magnetventil zur Anwendung. Aufbau und Arbeitsweise ent-sprechen damit prinzipiell dem Magnetventil-Injektor für Pkw- und Nfz-Dieselmotoren. Eine typische Ausführung eines Magnetventil-Injektors für Großdieselmotoren ist in Abb. 3.34 dargestellt.

Der Kraftstoff fließt über den Leitungsanschluss (1) durch den Durchflussbegrenzer (2), den Spaltfilter (3) und die Dämpfungsdrossel (11) in das Speichervolumen (10) des Injektors. Der Durchflussbegrenzer (für prinzipiellen Aufbau und Funktionsbeschreibung siehe Abb. 3.41) verhindert Dauereinspritzungen, die bei klemmender Düsennadel auftre-ten würden. Der Spaltfilter verhindert das Eindringen von großen Partikeln (> 50 μm) aus verschmutzten Leitungen oder bei partikelbelasteter Feldmontage. Die Dämpfungsdrossel unterbindet das Eindringen von Druckpulsationen aus dem Leitungssystem in den Injektor.

Durch das integrierte Speichervolumen wird ein hoher konstanter Einspritzdruck während der Einspritzung sichergestellt. Als guter Kompromiss zwischen Druckabfall im Speicher, Bauraumbedarf im Zylinderkopf und hydraulischer Interaktion zwischen den Zylindern hat sich ein Volumen von der Größe der etwa 70-fachen maximalen Ein-spritzmenge (d. h. Volumen von 40 … 150 cm³) bewährt. Der folgende Druckwellen-kompensator (9) dämpft die Druckpulsationen, die beim Einspritzvorgang und nach dem Schließen der Düsennadel entstehen. Die Dämpfung der Druckspitzen führt zu ei-

Abb. 3.34 Speicher-
Injektor eines modularen
Common-Rail-Systems:
1 = Hochdruckanschluss;
2 = Durchflussbegrenzer;
3 = Stabfilter (Spaltfilter);
4 = Magnetventil;
5 = Drosselplatte;
6 = Düse;
7 = Steuerraum;
8 = Haltekörper;
9 = Resonator;
10 = Speichervolumen;
11 = Dämpfungsdrossel;
12 = elektrischer
Anschluss zum
Kabelbaum und
Steuergerät

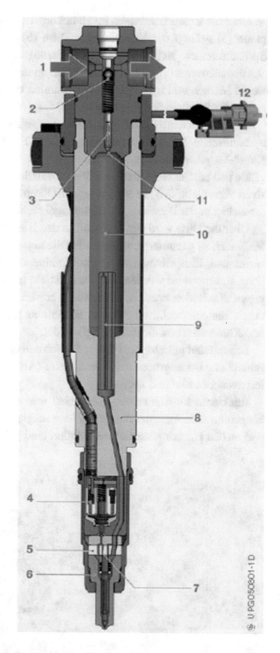

ner Verbesserung der Mehrfacheinspritzfähigkeit und reduziert zudem die hydraulische
Belastung der schaltenden Komponenten und der Dichtstellen. Damit wird der abrasive
Verschleiß am Magnetventil und Düsensitz minimiert und Fretting an den Hochdruck-
dichtungen verhindert.

Über die Zulaufbohrungen im Haltekörper (8), das Magnetventil (4) und die Drosselplatte (5) gelangt der Kraftstoff zur Düse (6). Zur Minimierung von Schaltzeiten und Spritzabständen zwischen den Einspritzungen ist das Magnetventil und damit der Ventilsteuerraum (7) so nah wie möglich an der Düsennadel untergebracht. Geringe bewegte Massen und hydraulische Totvolumina ermöglichen so das gewünschte, verzögerungsfreie Schalten der Düsennadel.

Das Magnetventil (4) schaltet immer den vollen Systemdruck und ist daher sehr hohen, hydraulischen Belastungen ausgesetzt. Zur Erhöhung der Partikelrobustheit wird ein Kugel-Magnetventil eingesetzt. Hochverschleißfeste Materialien wie Keramik, Nitrierstähle und beschichtete Stähle erhöhen zusätzlich die Robustheit gegen erosiven und abrasiven Verschleiß. Die zur Steuerung der Düsennadelbewegung benötigte Zu- und Ablaufdrossel ist in der Drosselplatte (5) untergebracht.

Über die Düse wird der Kraftstoff in den Brennraum eingespritzt. Um Emissionen und Verbrauch zu garantieren, müssen über die Lebensdauer des Injektors die geforderten Einspritzraten, Einspritzmengen sowie Strahlpenetration, Strahlform und Kraftstoffzerstäubung sichergestellt werden. Die Düse ist ein mehrfach belastetes Bauteil. Sie ist robust gegen Kavitationserosion, abrasiven Verschleiß und kraftstoffbedingte Ablagerungen durch Temperatureintrag aus dem Brennraum auszulegen. Dazu werden nitrierte Stähle und Kohlenstoffbeschichtungen verwendet.

Schnell und mittelschnell laufende Motoren erfordern, je nach Zylinderleistung, unterschiedliche Düsengrößen und -durchflüsse (Abb. 3.35). Die Anzahl der Spritzlöcher variiert zwischen fünf und neun.

Injektoren für Schwerölmotoren sind wie konventionelle Düsenhalterkombinationen ausgeführt. Die Ansteuerung erfolgt über magnetventilgesteuerte 3/2-Wegeventile, die direkt an den Hochdruckspeichern montiert sind [11].

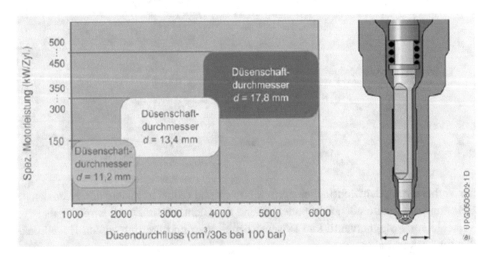

Abb. 3.35 Düsen-Leistungsklassen für Common-Rail-Systeme

3.5.2 Hochdruckpumpen

Es kommen, analog zu den Pkw- und Nfz-Systemen, Hochdruckpumpen mit Nockenantrieb zur Anwendung. Hauptbauarten sind Hochdruckpumpen in Reihenbauart und Einzylinder-Hochdruckpumpen (Steckpumpen), die ohne eigenes Gehäuse und Antriebswelle direkt über einen Nocken der Motornockenwelle angetrieben werden.

3.5.3 Hochdruckpumpe in Reihenbauart

3.5.3.1 Aufbau und Funktion

Abb. 3.36 zeigt den Aufbau einer Common-Rail-Hochdruckpumpe für Großdieselanwendungen. Das zentrale Antriebsbauteil ist die Nockenwelle (5). Sie treibt die Pumpenelemente, die den Hochdruck erzeugen und den Kraftstoff fördern, an. Die Pumpenelemente bestehen aus Zylinder (10), Kolben (11), zugehörigen Saug- und Druckventilen (3) einschließlich Dichtelement (2) und Rollenstößel (4), der die Förderkräfte von der Nockenwelle auf den Kolben überträgt.

Bei Großdieselmotoren kommen aufgrund der Lebensdaueranforderungen und der geforderten Unempfindlichkeit gegen veränderliche Kraftstoffqualität und Kraftstoffverunreinigungen im Feld ausschließlich ölgeschmierte Pumpen zur Anwendung. Die Nockenwellenlagerung und die Rollenstößel sind druckölgeschmiert, die Kolben werden im unteren Bereich durch Einzug von Schmieröl geschmiert. Das Design des Nockenantriebs ist von den mechanisch geregelten Reihenpumpen abgeleitet. Angetrieben wird die Hochdruckpumpe über Vielkeilwelle (siehe Abb. 3.36, Pos. 6) und Kupplung oder mittels Zahnradantrieb.

Die Kraftstoffversorgung der Hochdruckpumpe erfolgt durch eine in der Hochdruckpumpe integrierte Vorförderpumpe (Zahnradpumpe, Pos. 12), die Mengenregelung wird mit einer saugseitig angeordneten Zumesseinheit realisiert.

Der über die Kolben verdichtete Kraftstoff wird in einen integrierten Sammler (Druckspeicher, Pos. 7) gefördert. Das Speichervolumen in der Pumpe sorgt dabei für eine Dämpfung der Druckpulsationen. Ein Rail als separates Bauteil, wie in Common-Rail-Systemen für Pkw- und Nfz-Anwendungen üblich, kann somit entfallen. Die zum Betrieb erforderlichen Sicherheits- und Funktionskomponenten Druckbegrenzungsventil (8) und Raildrucksensor (1) sind daher an der Pumpe angebaut. In Verbindung mit dem im Injektor befindlichen Speichervolumen (Abb. 3.34, Pos. 10) sind Pumpenförderung und Einspritzung weitestgehend entkoppelt, eine Synchronisierung zwischen beiden Ereignissen ist deshalb nicht zwingend erforderlich. Da die Förderung der Pumpe somit unabhängig von Einspritzfrequenz und Einspritzzeitpunkt erfolgt, können beliebige Antriebsübersetzungsverhältnisse unabhängig von der Anzahl der Motorzylinder und der Pumpenelemente gewählt werden [12].

Die Anpassung der Hochdruckpumpe an den Mengenbedarf des Motors erfolgt durch die Variation der Anzahl der Pumpenelemente (Abb. 3.37). Es stehen Pumpen mit zwei bis fünf Pumpenelementen zu Verfügung.

Das damit abdeckbare Leistungsspektrum zeigt Tab. 3.4. Motorleistungen über 2500 kW können durch Verwendung von zwei Hochdruckpumpen abgedeckt werden.

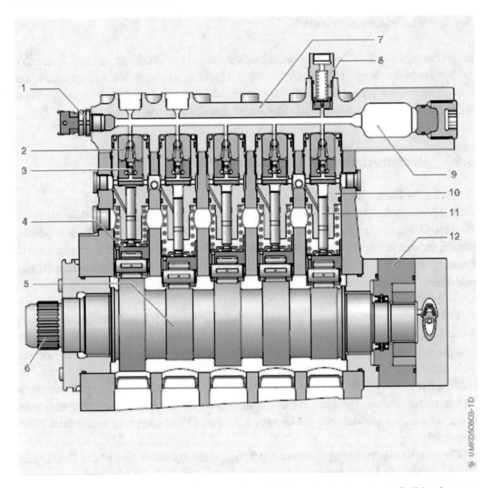

Abb. 3.36 Common-Rail-Hochdruckpumpe für Großdieselmotoren: 1 = Raildrucksensor; 2 = Dichtelement; 3 = Saug- und Druckventil; 4 = Rollenstößel; 5 = Nockenwelle mit Doppelnocken; 6 = Vielkeilwelle; 7 = Sammler mit Speichervolumen; 8 = Druckbegrenzungsventil; 9 = Speichervolumen; 10 = Zylinder; 11 = Kolben

3.5.3.2 Steckpumpen

Bei mittelschnell laufenden Motoren und Schwerölmotoren werden alternativ zu Common-Rail-Reihen-Hochdruckpumpen auch im Motorblock platzierte Steckpumpen (Abb. 3.38) verwendet, die die Nutzung bereits vorhandener Nockentriebe im Motor erlauben. Die Steckpumpen sind ebenfalls ölgeschmiert und werden direkt von einem Nocken der Motornockenwelle angetrieben. Der Kraftstoff wird über eine druckgeregelte Vorförderpumpe zugeführt, die Menge über eine separate oder in der Pumpe integrierte Saugdrosselregelung begrenzt. Der verdichtete Kraftstoff wird in ein Sammelrail gefördert. An diesem sind Drucksensor und Druckbegrenzungsventil montiert.

Abb. 3.37 Familie der Common-Rail-Reihen-Hochdruckpumpen von Bosch: **a** Pumpe mit zwei Pumpenelementen; **b** Pumpe mit drei Pumpenelementen; **c** Pumpe mit vier Pumpenelementen; **d** Pumpe mit fünf Pumpenelementen

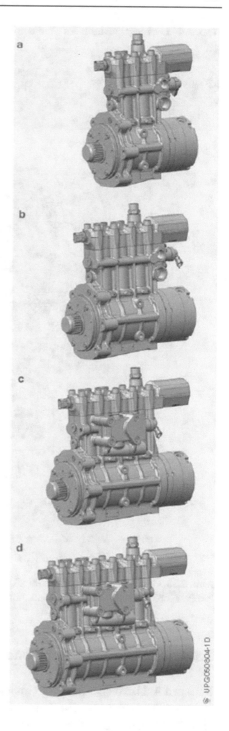

Tab. 3.4 Leistungsspektrum der Common-Rail-Reihen-Hochdruckpumpen

Pumpenelemente	Fördermenge	Motorleistung
2	max. 7,5 l/min	bis zu 1000 kW
3	max. 11,0 l/min	bis zu 1500 kW
4	max. 15,0 l/min	bis zu 2000 kW
5	max. 18,5 l/min	bis zu 2500 kW

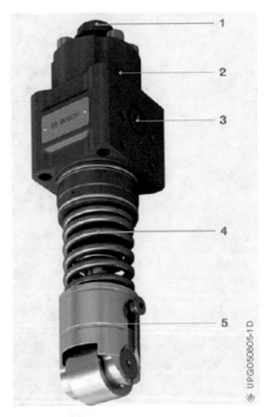

Abb. 3.38 Common-Rail-Hochdruck-Steckpumpe für Großdieselmotoren: 1 = Hochdruckanschluss; 2 = Pumpenkörper; 3 = Niederdruckanschluss; 4 = Stößelfeder; 5 = Rollenstößel

3.5.4 Rail- und Anbaukomponenten

Rail- und Anbaukomponenten für Großdieselmotoren unterscheiden sich im Wesentlichen nicht von den entsprechenden Komponenten von Nfz-Anwendungen. Separate Druckspeicher (Rails) finden nur in Verbindung mit Steckpumpen Anwendung und werden ausnahmslos aus Schmiedeteilen hergestellt. Die Druckregelung erfolgt ausschließlich durch

Saugdrosselung. Als Sicherheits- und Notfahrelement werden grundsätzlich Druckbegrenzungsventile verbaut. Der Systemdruck wird über standardmäßige Raildrucksensoren detektiert. Bei manchen Spezialanwendungen werden die Durchflussbegrenzer nicht im Injektor verbaut, sondern als eigenständige Komponente am jeweiligen Speichersystem montiert.

Spülventile werden bei Schwerölmotoren zur Niederdruckspülung oder zur Druckentlastung eingesetzt.

3.5.5   Druckbegrenzungsventile

3.5.5.1   Aufbau und Funktion

Der Aufbau der Druckbegrenzungsventile (DBV) für Großdieselanwendungen (Abb. 3.39) entspricht denen für Nfz-Anwendungen. Das DBV besteht aus Ventilkörper (1) mit Ventilkolben (6), Tellerscheibe (2), Feder (3), Gehäuse (4) und einer Einstellscheibe (5). Der Ventilsitz (8) des Ventilkolbens befindet sich im Ventilkörper (1). Der Kolben besitzt am Umfang drei Abflachungen, damit nach dem Öffnen des Ventils der Kraftstoff abfließen kann. Die Federkraft und damit die Höhe des Öffnungsdrucks kann über die Einstellscheibe (5) variiert werden. Das Verhältnis von Dichtsitz- (8) zu Kolbendurchmesserfläche (9) entspricht dem von Notbetriebs- zu Öffnungsdruck des Ventils. Die Querschnittsfläche (10) an den drei Abflachungen definiert den maximalen Durchfluss des Kraftstoffs, der im Notbetrieb abgeführt werden kann. Gegebenenfalls auftretende Leckagen werden über die Leckagebohrung (7) drucklos von der Hochdruckdichtstelle (11) abgeführt.

Das Druckbegrenzungsventil schützt einerseits das Speichersystem und die Hochdruckkomponenten vor unzulässig hohen Druckspitzen, andererseits hält es nach dem Öffnen einen im Vergleich zum nominalen Systemdruck herabgesetzten Druck (Abb. 3.40), damit ein Notbetrieb des Motors aufrechterhalten werden kann.

Wird, z. B. durch eine Fehlfunktion der Druckregelung, der Öffnungsdruck des DBV überschritten, so öffnet es. Nach dem Öffnungsvorgang fällt der Systemdruck schlagartig ab und regelt sich durchflussabhängig selbst auf den Notbetriebsdruck ein, der bis zum Abstellen des Motors gehalten wird und damit einen stabilen Notfahrbetrieb gewährleistet.

Druckbegrenzungsventile für Großdieselmotoren werden derzeit für Systemdrücke bis zu 2200 bar gefertigt und können von wenigen Litern pro Minute bis zu 120 l/min Kraftstoff absteuern. Nach Überschreiten der maximal erlaubten Öffnungsvorgänge oder der maximal erlaubten Notbetriebsdauer ist die Lebensdauer des Ventils erloschen, d. h., die Spezifikation kann nicht mehr eingehalten und das Druckbegrenzungsventil muss getauscht werden. Die Anzahl der Öffnungsvorgänge und die Laufzeit im Notbetrieb müssen im Motorsteuergerät dokumentiert werden, um bei Überschreiten der zulässigen Werte den Austausch sicherzustellen. Für Schiffsanwendungen, insbesondere für Schwerölmotoren im Ein-Motoren-Antrieb, muss eine Notbetriebszeit von bis zu 100 h sichergestellt sein. Dazu werden Druckbegrenzungsventile für Schwerölanwendungen durch Maßnahmen gegen kavitativen und erosiven Verschleiß besonders robust ausgeführt.

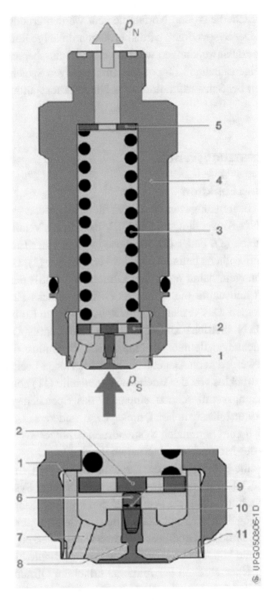

Abb. 3.39 Druckbegrenzungsventil für Großmotoren: 1 = Ventilkörper; 2 = Tellerscheibe; 3 = Feder; 4 = Gehäuse; 5 = Einstellscheibe; 6 = Ventilkolben; 7 = Leckagebohrung; 8 = Ventilsitz; 9 = Kolbendurchmesserfläche; 10 = Querschnittsfläche; 11 = Hochdruckdichtstelle; p_S = Systemdruck; p_N = Druck Niederdruckkreis

Abb. 3.40 Exemplarischer Druckverlauf beim Auslösen des Druckbegrenzungsventils (DBV) und Darstellung des Notbetriebsdrucks: 1 = geregelter Systemdruck; 2 = mengenabhängiger Notbetriebsdruck

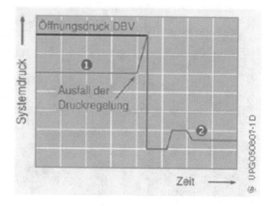

3.5.6 Durchflussbegrenzer

3.5.6.1 Aufbau und Funktion

Durchflussbegrenzer (DFB) werden insbesondere bei Großdieselmotoren eingesetzt. Der DFB schließt unverzüglich den Zulauf zum Injektor, wenn ein Fehlerfall wie eine klemmende Düsennadel (Dauereinspritzung) auftritt, und limitiert bei fehlerhafter Einspritzdauer die maximale Einspritzmenge auf ein für den Motor verträgliches Maß.

Durchflussbegrenzer gibt es in unterschiedlichen Ausführungen, integriert im Injektor (Abb. 3.34) mit einer Kugel als Schaltelement oder als externes Bauteil. Hier ist das schaltende Element zumeist ein Kolben (Abb. 3.41). Der dargestellte DFB wird bei Einspritzsystemen für Schweröl eingesetzt. Er ist druckausgeglichen und wird direkt im Speichersystem vor der Ventilgruppe verbaut. Er besteht aus einem Gehäuse (1), dem Ventilkolben (4), einer Feder (5) und einem Sicherungsring (7), der als hinterer Hubanschlag dient.

Durch eine Einspritzung sinkt der Druck auf der Injektorseite geringfügig ab, wodurch sich der Kolben (4) in Richtung Injektor bewegt. Im Normalfall stoppt der Kolben am Ende der Einspritzung, ohne den Ventilsitz (2) zu verschließen. Die Feder (5) drückt ihn in seine Ruhelage zurück; durch die Drosselbohrungen (6) und Freistellungen an der Kolbenführung strömt der Kraftstoff nach.

Störbetrieb bei zu großer Einspritzmenge oder großer Leckage
Bei Überschreiten der etwa zweifachen nominellen Einspritzmenge wird der Kolben unverzüglich bis in den Dichtsitz (2) am Auslass gedrückt und der Zulauf zum Injektor verschlossen.

Störbetrieb bei kleiner Leckage
Aufgrund der Leckagemenge setzt der Kolben nach der Einspritzung nicht mehr vollständig zurück. Für die nachfolgenden Einspritzungen nimmt der verbleibende Hub ab, sodass nach einigen Einspritzungen der Kolben den Dichtsitz erreicht und die Auslassbohrung verschließt.

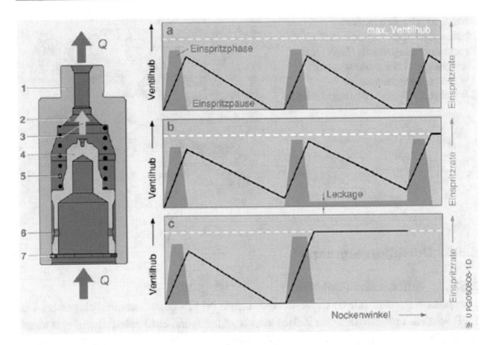

Abb. 3.41 Externer Durchflussbegrenzer und Verhalten: **a** Normalbetrieb, **b** Störbetrieb bei Leckage, **c** Störbetrieb bei erhöhter Einspritzmenge. 1 = Gehäuse; 2 = Ventilsitz; 3 = Hubbewegung des Ventilkolbens; 4 = Ventilkolben; 5 = Feder; 6 = Drosselbohrung; 7 = Sicherungsring; Q = Einspritzmenge

Der Kolben bleibt bis zum Abstellen des Motors an seinem Anschlag und verschließt damit den Zulauf zum Injektor. Um diesen wieder in Betrieb nehmen zu können, muss der Motor abgestellt und die Fehlfunktion beseitigt werden.

3.5.7 Spülventile für Schwerölanwendungen

3.5.7.1 Aufbau und Funktion

Spülventile werden bei Common-Rail-Systemen für Schwerölbetrieb verwendet, um eine Niederdruckspülung des Common-Rail-Systems zu gewährleisten oder nach dem Motorstopp den Hochdruckkreis vom Druck zu entlasten (z. B. bei Wartungs- und Reparaturarbeiten oder beim Not-Stopp des Motors). Es ist am Ende der in Reihe geschalteten Speichereinheiten angeordnet.

Das Spülventil (Abb. 3.42) besteht im Wesentlichen aus dem Ventilkörper, auf den ein Pneumatikzylinder (Pos. 5 bis 8), der den Steuerkolben (2) bewegt, geschraubt ist. Neben dem Hochdruckanschluss (mit dem Druck p_S) bietet das Ventilgehäuse noch eine Schnittstelle (9) für ein Druckbegrenzungsventil. Der dargestellte Schiebesitz (3) ist eine bewährte Lösung, da die Permanentleckagen über die Führung aufgrund der hohen Viskosität des Schweröls vernachlässigbar gering sind. Zur Spülung wird der Pneumatikzylinder

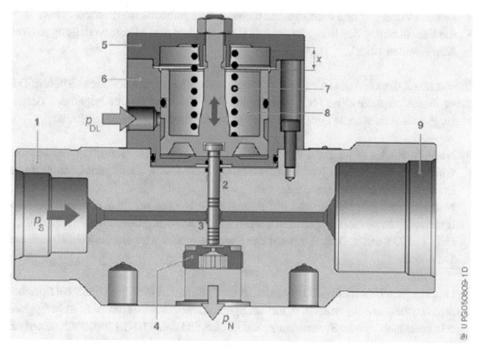

Abb. 3.42 Spülventil für Schwerölmotoren: 1 = Ventilkörper; 2 = Steuerkolben; 3 = Schiebesitz; 4 = Ablaufdrossel; 5 = Deckel; 6 = Gehäuse; 7 = Feder; 8 = Luftkolben; 9 = Anschluss für Druckbegrenzungsventil; p_S = Systemdruck; p_N = Druck Niederdruckkreis; p_{DL} = Druckluftdruck; x = Ventilhub

mit Druckluft (mit dem Druck p_{DL}) beaufschlagt. Dadurch bewegen sich Luft- und Steuerkolben nach oben und öffnen den Absteuerquerschnitt zum Verbinden von Hoch- und Niederdruckseite. Der Kraftstoff strömt über die Ablaufdrossel in den Niederdruckrücklauf, der Druck im Speichersystem wird abgebaut. Wird der Luftdruck im Pneumatikzylinder wieder abgesenkt, schließt das Ventil infolge der Federkraft (6).

Vor dem Starten der kalten Verbrennungskraftmaschine kann, in umgekehrter Weise, das Speichersystem mit vorgeheiztem Schweröl gespült und erwärmt werden. Dazu wird das Spülventil über die pneumatische Betätigung geöffnet. Der bis zu 160 °C heiße Kraftstoff zirkuliert dann im Kreis durch alle Komponenten des Einspritzsystems. Nach ausreichender Erwärmung der Einspritzanlage wird das Spülventil geschlossen und der Motor gestartet [13].

3.6   Einspritzdüsen und Düsenhalter

3.6.1   Grundfunktion

Die Einspritzdüse hat einen entscheidenden Einfluss auf die Gemischbildung und damit auf die Verbrennung durch:

- gezielte Verteilung und optimale Zerstäubung des Kraftstoffs im Brennraum und
- die Beeinflussung des Einspritzverlaufs (Druckverlauf und Mengenverteilung je Grad Kurbelwellenwinkel).

Sie hat somit direkte Auswirkung auf Motorleistung, Abgas- und Geräuschverhalten. Darüber hinaus sorgt die Düse für die Abdichtung des Kraftstoffsystems gegen den Brennraum. Für die Ansteuerung der Düsennadel gelten folgende Funktionsprinzipien:

- Nadel-Schließen (Abdichten des Einspritzsystems zum Brennraum): Die Düsennadel wird durch eine auf das Nadelende wirkende, mechanisch oder hydraulisch erzeugte Schließkraft in den Düsensitz gepresst.
- Nadel-Öffnen: Die Düsennadel öffnet zu Beginn der Einspritzphase, sobald die „hydraulische" Kraft F_D (Einspritzdruck wirkt auf die Kreisringfläche zwischen Nadelführung und Düsensitz, Abb. 3.43) auf der Sitzseite größer wird als die Schließkraft der Düsenfeder F_S.

Bei nockengetriebenen Einspritzsystemen ist die Düsennadel druckgesteuert, bei Speichereinspritzsystemen hubgesteuert, d. h., die „hydraulische" Schließkraft ist in Abhängigkeit zum kennfeldabhängigen Systemdruck modulierbar und damit ist der Nadelhub steuerbar.

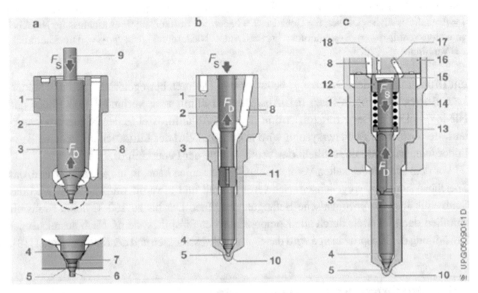

Abb. 3.43 Düsen-Bauarten: **a** Zapfendüse, **b** Lochdüse, **c** Düsenmodul. 1 = Düsenkörper; 2 = Nadelführung; 3 = Düsennadel; 4 = Nadelsitz(-durchmesser); 5 = Spritzloch; 6 = Spritzzapfen; 7 = Drosselzapfen; 8 = Hochdruckzulauf; 9 = Druckzapfen; 10 = Sackloch; 11 = doppelte Nadelführung; 12 = Steuerraumhülse; 13 = Federteller; 14 = Rückstellfeder; 15 = Steuerraum; 16 = Drosselplatte des Injektors; 17 = gesteuerte Abströmdrossel; 18 = Zulaufdrossel; F_D = hydraulische Kraft; F_S = Schließkraft der Düsenfeder

3.6.2   Aufbau und Bauarten

Eine Standarddüse besteht aus einem Düsenkörper mit Hochdruckzulauf, Nadelführungs-, Sitz- und Spritzlochbereich sowie einer nach innen öffnenden Nadel.

Abhängig vom Brennverfahren und von der Nadelansteuerung sind drei grundsätzliche Düsenbauarten gängig (Abb. 3.43):

- Zapfendüsen werden in Einspritzystemen für Vor- und Wirbelkammermotoren einge-setzt; sie haben heute in der Motorenentwicklung keine Bedeutung mehr (zu Aufbau, Arbeitsweise und Ausführungen siehe [14]).
- Lochdüsen für Anwendungen in DI-Motoren (Düsenhalterkombinationen (DHK), Unit-Injector- und Common-Rail-Injektoren).
- Düsenmodule, d. h. Lochdüsen mit integriertem hydraulischem Steuerraum für Common-Rail-Piezo-Injektor-Anwendungen in DI-Motoren. Die Druckmodulation im Steuerraum erfolgt über Zulauf- und gesteuerte Ablaufdrosseln im Injektor. Das Steu-erraumvolumen ist für eine gute Kleinstmengenfähigkeit hydraulisch steif, d. h. klein ausgelegt.

3.6.2.1   Lochdüsen

Lochdüsen und Düsenmodule werden in allen aktuellen DI-Motorkonzepten angewandt. Ziel der Düsenauslegung ist die wirkungsgradoptimierte Umsetzung der Druckenergie in kinetische Energie. Das Ziel sind Einspritzstrahlen, deren Eindring-, Aufbruch- und Zer-stäubungsverhalten auf das Brennverfahren, die Brennraumgeometrie, die Einspritzmenge, das Luftmanagement des Motors und das last- und drehzahlabhängige Einspritzmuster op-timal abgestimmt sind. Bei den Einspritzsystemen Unit Injector und Common Rail sind die Lochdüsen bzw. die Düsenmodule in die Injektoren integriert. Diese übernehmen damit die Funktion des Düsenhalters. Der Düsenöffnungsdruck liegt zwischen 150 ... 350 bar.

Aufbau

Anzahl und Durchmesser der Spritzlöcher (Abb. 3.43, Pos. 5) sind abhängig von Ein-spritzmenge, Brennraumform und dem Luftdrall im Brennraum. Die Einspritzlöcher sind konisch ausgeführt (Abb. 3.44) und die Einlaufkanten hydroerosiv verrundet. Dabei wer-den an Stellen mit hohen Strömungsgeschwindigkeiten (Spritzlocheinlauf) die Kanten durch ein abrasives Medium abgerundet. Damit werden der Strömungsbeiwert optimiert, die Durchflusstoleranz eingeengt und der Kantenverschleiß vorweggenommen, der durch abrasive Partikel im Kraftstoff verursacht wird.

Einbau und Ausführungen

Die Einbauposition ist meist durch die Motorkonstruktion vorgegeben. Die unter verschie-denen Winkeln angebrachten Spritzlöcher müssen passend zum Brennraum ausgerichtet sein (Abb. 3.45). Lochdüsen werden in Sack- und Sitzlochdüsen unterteilt. Es gibt fol-gende Baugrößen:

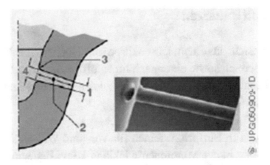

Abb. 3.44 Spritzlochgeometrie: 1 = Spritzlochdurchmesser; 2 = Spritzlochlänge; 3 = Einlauf hydroerosiv verrundet; 4 = Spritzloch-Konizität

Abb. 3.45 Position der
Lochdüse im Brennraum:
1 = Düsenhalter oder
Injektor;
2 = Dichtscheibe;
3 = Lochdüse;
λ = Neigung;
δ = Spritzkegelwinkel

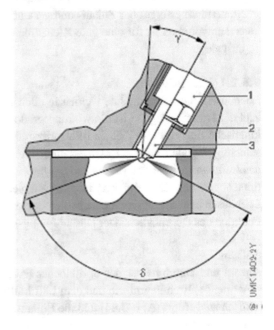

- Typ P mit einem Nadeldurchmesser von 4 mm (Sack- und Sitzlochdüsen) oder
- Typ S mit einem Nadeldurchmesser von 5 und 6 mm (Sacklochdüsen für Großmotoren).

Bei Sitz- und Sacklochdüsen ist das emissionsrelevante Merkmal die Größe des unter der Sitzkante nach dem Nadelschließen verbleibenden sogenannten Schadvolumens. Dessen Kraftstoffinhalt gast aus und verbrennt nicht optimal, wodurch sich die HC-Emissionen erhöhen.

3.6.2.2 Sacklochdüse

Es werden folgende Varianten eingesetzt:

Die Sacklochdüse mit zylindrischem Sackloch und runder Kuppe (Abb. 3.43b), die aus einem zylindrischen und einem halbkugelförmigen Teil besteht, hat eine hohe Auslegungsfreiheit in Bezug auf Lochzahl, Lochlänge und Spritzlochwinkel. Die Düsenkuppe hat die Form einer Halbkugel und gewährleistet damit – zusammen mit der Sacklochform – eine gleichmäßige Lochlänge. Die Spritzlöcher werden je nach Auslegung mechanisch oder durch elektrischen Teilchenabtrag (elektroerosiv) gebohrt.

Die Sacklochdüse mit zylindrischem Sackloch und konischer Kuppe (Abb. 3.46a) gibt es nur für Lochlängen von 0,6 mm. Die konische Kuppenform erhöht die Kuppenfes-

Abb. 3.46 Düsenkuppen
(Bauformen Sack- und
Sitzlochdüse):
a zylindrisches Sackloch
und konische Kuppe,
b konisches Sackloch und
konische Kuppe,
c Mikrosackloch,
d Sitzlochdüse.
1 = zylindrisches
Sackloch; 2 = konische
Kuppe; 3 = Kehlradius;
4 = Düsenkörpersitz;
5 = konisches Sackloch

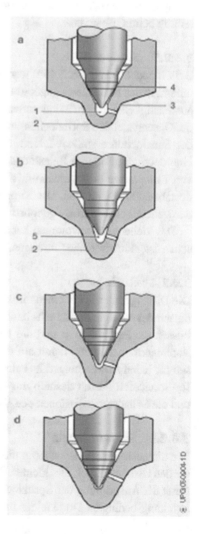

tigkeit durch eine größere Wanddicke zwischen Kehlenradius (3) und Düsenkörpersitz (4). Die Spritzlöcher werden, bei konischer Kuppe, generell elektroerosiv gebohrt.

Die Sacklochdüse mit konischem Sackloch und konischer Kuppe (Abb. 3.46b) hat ein geringeres Restvolumen als eine Düse mit zylindrischem Sackloch. Sie liegt mit ihrem Sacklochvolumen zwischen Sitzlochdüse und Sacklochdüse mit zylindrischem Sackloch. Um eine gleichmäßige Wanddicke der Kuppe zu erhalten, ist die Kuppe entsprechend dem Sackloch konisch ausgeführt.

Eine Weiterentwicklung der Sacklochdüse ist die Mikrosacklochdüse (Abb. 3.46c). Ihr Sacklochvolumen ist um ca. 30 % gegenüber einer herkömmlichen Sacklochdüse reduziert. Diese Düse eignet sich besonders für Common-Rail-Systeme, die mit relativ langsamem Nadelhub und damit mit einer vergleichsweise langen Sitzdrosselung beim Öffnen arbeiten. Die Mikrosacklochdüse stellt für die Common-Rail-Systeme derzeit den besten Kompromiss zwischen einem geringen Restvolumen und einer gleichmäßigen Strahlverteilung beim Öffnen dar.

3.6.2.3 Sitzlochdüse

Bei Sitzlochdüsen (Abb. 3.46d) werden die Spritzlöcher ein- oder mehrreihig im Sitzkegel unterhalb des Nadelsitzes angeordnet, wobei wegen der Anströmung der Spritzlöcher und aus Festigkeitsgründen Mindestabstände einzuhalten sind. Bei geschlossener Düse deckt die Düsennadel den Spritzlochanfang weitgehend ab. Das Sacklochvolumen ist gegenüber der Sacklochdüse stark reduziert. Sitzlochdüsen haben im Vergleich zu Sacklochdüsen eine deutlich geringere Belastungsgrenze. Deshalb können sie nur mit einer Lochlänge von 1 mm ausgeführt werden und zwischen den Spritzlöchern sind deutlich größere Mindestabstände einzuhalten. Die Kuppenform ist konisch ausgeführt, die Spritzlöcher werden generell elektroerosiv gebohrt.

Das kleinste Schadvolumen hat die Sitzlochdüse, gefolgt von konischen und zylindrischen Sacklochdüsenausführungen.

3.6.2.4 Auslegung

Die Düsengeometrie hat einen direkten Einfluss auf Rohemissionen und Verbrennungsgeräusch des Motors. Spritzloch- bzw. Sacklochgeometrie (Abb. 3.47, Pos. 1 bzw. 3) beeinflussen die Partikel-NO_x- und die HC-Emissionen. Die Sitzgeometrie wirkt sich auf die Voreinspritzmenge und damit auf das Verbrennungsgeräusch aus. Daher werden die Düsen für jeden Anwendungsfall (Fahrzeug, Motor und Einspritzsystem) optimal ausgelegt. Im Servicefall dürfen deshalb nur Original-Ersatzteile verwendet werden, um Leistung und die Schadstoffemissionen des Motors nicht zu beeinträchtigen.

3.6.2.5 Sitzgeometrie

Die Sitzauslegung berücksichtigt die Dichtfunktion und bestimmt über den Sitzdurchmesser den Öffnungsdruck. Bei kleinen Hüben wirkt der Sitzspalt als Strömungsdrossel, beeinflusst die Anströmung der Spritzlöcher und damit die Strahlaufbereitung sowie durch die strömungsbedingten Druckfelder im Spalt die Nadeldynamik. Die Auslegung der Nadel-

Abb. 3.47 Entscheidende Stellen der
Düsengeometrie:
1 = Spritzlochgeometrie;
2 = Sitzgeometrie;
3 = Sacklochgeometrie

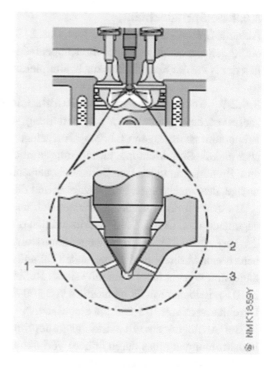

sitz- und Nadelspitzenkegel bzgl. Länge und Winkeldifferenzen zum Körper erfolgt syste-
mabhängig und ist ein Kompromiss aus Nadeldynamik (Einspritzmenge und -verlauf) und
Langzeitstabilität (Geometrieangleich und daraus resultierende Einspritzmengendrift).

3.6.2.6 Nadelführung

Die Nadelführung im Düsenkörper zentriert die Nadel zum Körpersitz während der Hubbewegung und dient der Trennung von Hochdruck- und Niederdruckbereich (letzteres gilt
nicht für Düsenmodule). Das Führungsspiel liegt im Bereich von 1–5 μm: je höher der
Einspritz- und der Systemdruck, desto kleiner das Führungsspiel, um die Leckageverluste
zu minimieren. Sitzlochdüsen weisen oft eine zweite Führung im Düsenschaft auf, um die
Nadelzentrierung zum Sitz und damit die Mengenverteilung auf die Spritzlöcher und die
Nadeldynamik zu verbessern. Sacklochdüsen sind diesbezüglich robuster, da die Strömung im Sitz die Verhältnisse am Spritzloch im Sackloch nicht direkt beeinflusst.

3.6.2.7 Nadelhub

Die hydraulische Auslegung führt bei Vollhub zu vernachlässigbaren Drosselverlusten am
Sitz. Der Nadelhub ist entweder ballistisch oder durch einen Festanschlag begrenzt ausgeführt. Der ballistische Hub hat den Vorteil eines nahezu linearen (knickfreien) Mengenver-
laufs über die Spritzdauer, ist jedoch nur in Verbindung mit Common-Rail-Injektoren
sinnvoll, die den Öffnungs- und Schließzeitpunkt gegenüber anderen Systemen sehr präzise steuern können.

3.6.2.8 Spritzlochlänge

Aktuelle Spritzlochlängen (Abb. 3.44, Pos. 2) liegen zwischen 0,7 mm und 1 mm. Sie beeinflussen den Strahl und auch die Kuppenfestigkeit, insbesondere bei Sitzlochdüsen wegen der Nähe der Spritzlöcher zur Krafteinleitung am Düsenkörpersitz.

3.6.2.9 Spritzgeometrie und Strahlauslegung

Ziel ist es, eine optimale Kraftstoffverteilung, -zerstäubung und Gemischaufbereitung im Brennraum zu erzeugen (Tab. 3.5). Ausgelegt werden zunächst die Anzahl der Spritzlöcher und die Strahlrichtung, jeweils mit räumlicher Zuordnung zu Zylinderkopf, Glühstift und Brennraummulde. Der Spritzlochquerschnitt wird durch die maximale Einspritzmenge, den zugehörigen Einspritzdruck und die zulässige Spritzdauer festgelegt.

Die Anzahl der Spritzlöcher richtet sich nach dem Brennverfahren und dem Luftmanagement (u. a. Drall). Die Einspritzstrahlen dürfen auch bei großem Drall nicht ineinander verwehen (Abb. 3.49), da sonst Kraftstoff in Bereiche eingespritzt würde, in denen bereits eine Verbrennung stattgefunden hat und somit Luftmangel herrscht. Das reduzierte Sauerstoffangebot hätte dann eine starke Rußbildung zur Folge. Derzeit werden bei Pkw 5–10 Spritzlöcher mit Durchmessern von 100–190 µm und bei Nfz 5–10 Spritzlöcher mit Durchmessern von 100–265 µm eingesetzt.

Bei Auslegungen mit wirkungsgradoptimierten, nahezu kavitationsfreien Spritzlochströmungen muss deren höhere Verkokungsempfindlichkeit durch geeignete Parameterwahl berücksichtigt werden. Lochselektive Spritzlochauslegungen (d. h., jedes Spritzloch ist individuell ausgelegt), Doppellochanordnungen bis hin zu Lochnestern oder Kombinationen aus Sitzloch- und Sacklochausführungen mit parallelen, divergierenden oder sich kreuzenden Strahlen werden auf ihr Potenzial untersucht. Dies erfordert kleinere Spritzlochdurchmesser und eine dafür entwickelte Erodier- oder Laserbohrfertigungstechnik.

Tab. 3.5 Parameter für die optimale Spritzlochauslegung einer Düse

Parameter	Auslegungshinweise
Lochanzahl	Möglichst hoch, jedoch ist das Verwehen der Strahlen ineinander kritisch
Lochquerschnitt	Kleinstmöglich für optimale Zerstäubung und Gemischbildung
Hydroerosive Verrundung der Einlaufkante	Verschleißvorwegnahme und je nach Grad der Verrundung auch Beeinflussung der Spritzlochinnenströmung (mit oder ohne Kavitation), siehe Abb. 3.44 und 3.48
Konizität	In Verbindung mit hydroerosiver Verrundung und Lochlänge werden der Wirkungsgrad der Druckumsetzung und der Strahlaufbruch beeinflusst.
Lochlänge	Je kürzer, umso kleiner die Strahleindringtiefe (bei gleichgestelltem Wirkungsgrad)

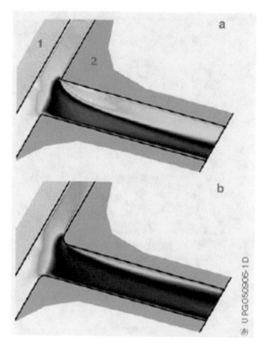

Abb. 3.48 Strömungssimulation Spritzloch: **a** Einlauf nicht verrundet, **b** Einlauf verrundet.
1 = Düsennadel; 2 = Düsenkörper. Strömungsgeschwindigkeit: dunkel = sehr hoch; hell = sehr niedrig

3.6.2.10   Werkstoffe und Kuppentemperatur

Bei Common-Rail-Systemen führen die ständigen Druckschwingungen im System zu Relativbewegungen im Sitz zwischen Nadel und Körper. Zur Verschleißreduzierung werden Gleitschichten eingesetzt.

Düsenkuppen sind thermisch hoch belastet (bis zu 350 °C), entsprechend werden für hohe Temperaturen warmfeste Werkstoffe eingesetzt. Für besonders schwierige Anwendungsfälle stehen Wärmeschutzhülsen oder für größere Motoren sogar gekühlte Einspritzdüsen zur Verfügung.

Bei dauerhaft niedrigen Kuppentemperaturen (< ca. 120 °C) besteht die Gefahr der Korrosion im gesamten Sitz- und Spritzlochbereich sowie im Düsenschaftbereich, da sich kondensiertes Wasser und Abgase zu Schwefelsäurederivaten verbinden.

3.6.2.11   Weiterentwicklung der Düse

Die Steigerung des Einspritzdrucks, neue Funktionalitäten und Brennverfahren, die Minimierung von Kraftstoffverbrauch und Verbrennungsgeräusch definieren die Schwerpunktbereiche (Abb. 3.50) zur Weiterentwicklung der Einspritzdüse.

Moderne Entwicklungswerkzeuge wie Strahl- und Sprayanalyse sowie Computersimulation (Abb. 3.51) liefern hierzu in kurzer Zeit neue Erkenntnisse für innovative Lösungen. Die mit einer Hochgeschwindigkeitskamera aufgenommenen Strahlbilder geben schnell Aufschluss über Strahlform, Strahlbildsymmetrie, Strahlentwicklung zu Spritz-

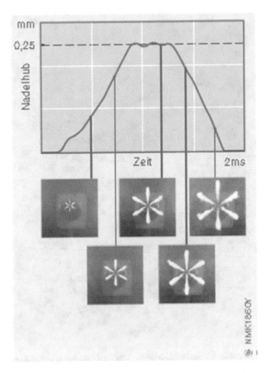

Abb. 3.49 Hochgeschwindigkeitsaufnahme des Einspritzverlaufs einer Pkw-Lochdüse

beginn und bei Spritzende. Der Vergleich der Strahlkonturen gibt Aufschluss über die Hub-zu-Hub-Streuungen. Informationen zu Wirkungsgrad, Symmetrie, Strahlaufbruch und -struktur liefert die Strahlkraftanalyse. Die gewonnenen Daten sind Voraussetzung für die Simulation einer Wirkkette von der Düseninnenströmung bis zur Verbrennungs- und Emissionsberechnung. Für die Einspritzsysteme existieren heute bereits sehr gute Modelle, die sogar die hydraulische Wirkung von Bauteilveränderungen über die Lebensdauer mit abbilden [15, 16, 17, 18].

3.6.2.12 Düsenhalter

Einspritzdüsen sind als Funktionseinheit mit Düsenhaltern als sogenannte Düsenhalterkombinationen (DHK), bei nockengesteuerten Einspritzsystemen als Einfeder-Halter für Nfz und Zweifeder-Halter für Pkw in Verwendung. Zweifeder-Halter ermöglichen einen zweistufigen Einspritzverlauf, womit ein geringeres Verbrennungsgeräusch erreichbar ist. Düsenhalter können mit verschiedenen Düsen kombiniert werden. Die Befestigung im Zylinderkopf erfolgt über Flansche, Spannpratzen, Überwurfmuttern oder ein Einschraubgewinde. Die Hochdruckleitung kann zentral oder seitlich angeschlossen sein.

Aufgrund ihrer hohen Flexibilität haben sich Speichereinspritzsysteme zwischenzeitlich in allen Motoranwendungen durchgesetzt, sodass Düsenhalter immer mehr an Bedeutung verlieren. Nachfolgend werden daher nur die wichtigsten Aspekte wiedergegeben, für eine detaillierte Betrachtung wird auf [19] verwiesen.

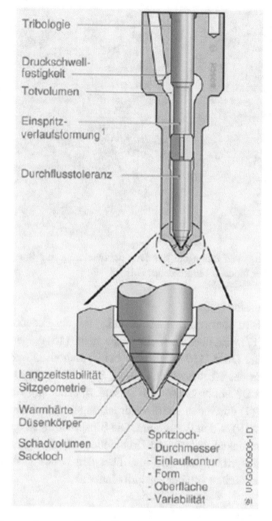

Abb. 3.50 Entwicklungsschwerpunkte der Düsenentwicklung: [1]Gestaltung des Einspritzratenverlaufs über der Zeit durch die Nadeldynamik

Aufbau

Der Düsenhalter (Abb. 3.52) ist über die Hochdruckleitung mit dem Einspritzsystem verbunden. Er besteht aus Haltekörper (3), Zwischenscheibe (5), Düsenspannmutter (4), Druckbolzen (18), Druckfeder (17), Ausgleichscheibe (15) und Fixierstift (20). Die Einspritzdüse (6, 7) wird mit der Düsenspannmutter zentrisch am Haltekörper befestigt. Die Zwischenscheibe (5) dient als Anschlag für den Düsennadelhub, der Fixierstift (20) verhindert ein Verdrehen der Düse und zentriert sie zum Körper des Düsenhalters. Der Kraftstoff wird über den Druckkanal (16) zur Düse geleitet, ein integrierter Stabfilter (12) hält dabei grobe Verunreinigungen zurück. Düsenhalter gibt es mit und ohne Rücklauf des Leckkraftstoffs zum Kraftstoffbehälter.

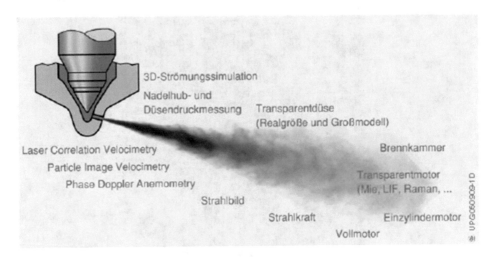

Abb. 3.51 Entwicklungswerkzeuge bei der Düsenentwicklung zur Spray-, Verbrennungs- und Emissionsanalyse: Laser Induced Fluorescence (LIF)

3.6.2.13 Arbeitsweise

Die Düsennadel (7) wird über den Druckbolzen (18) mit der Federkraft belastet. Die Vorspannung der Feder (17) wird über eine Ausgleichscheibe (15) eingestellt und bestimmt so den Öffnungsdruck der Düse (110 … 170 bar bei Zapfendüsen und 150 … 350 bar bei Lochdüsen). Der Weg des Kraftstoffs führt über Stabfilter (12), Druckkanal (16), Zwischenscheibe (5) und Düsenkörper (6) zum Düsenkörpersitz (8). Beim Einspritzvorgang wird die Düsennadel (7) durch den Kraftstoffdruck angehoben und der Kraftstoff gelangt durch die Spritzlöcher (9) in den Brennraum. Die Einspritzung ist beendet, wenn der Einspritzdruck so weit gesunken ist, dass die Druckfeder (17) die Düsennadel auf ihren Sitz zurückdrückt. Der Einspritzbeginn wird also über den Druck gesteuert. Die Einspritzmenge hängt im Wesentlichen von der Einspritzdauer ab.

3.6.2.14 Stufenhalter

Der Stufenhalter eignet sich besonders für enge Platzverhältnisse und kommt daher insbesondere bei Vierventilmotoren für Nfz zum Einsatz. Der Ursprung dieser Bezeichnung liegt in den gestuften Abmessungen. Der Kraftstoff wird über einen Druckrohrstutzen seitlich zugeführt. Damit können sehr kurze Einspritzleitungslängen realisiert werden, was sich – wegen des reduzierten Totvolumens in der Kraftstoffleitung – vorteilhaft auf Einspritzdruckniveau und -dynamik auswirkt.

3.6.2.15 Zweifeder-Düsenhalter

Beim Zweifeder-Düsenhalter (Abb. 3.53) sind zwei Druckfedern hintereinander angeordnet. Die Düsennadel (13) öffnet zunächst gegen die Kraft der Druckfeder 1 (Pos. 3; Hub $h1$, Voreinspritzphase), die über einen Druckstift (7) auf die Nadel wirkt. Für die Haupteinspritzung (Hub $h2$) muss die über eine Hubeinstellhülse (10) zusätzlich auf die Nadel wirkende

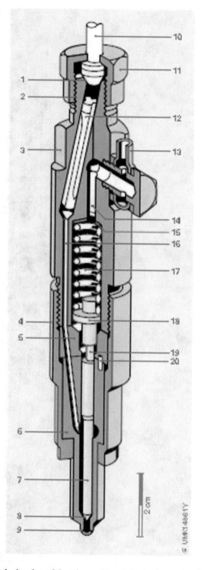

Abb. 3.52 Standard-Düsenhalterkombination für Direkteinspritzmotoren: 1 = Dichtkegel; 2 = Anschlussgewinde für zentralen Druckanschluss; 3 = Haltekörper; 4 = Düsenspannmutter; 5 = Zwischenscheibe; 6 = Düsenkörper; 7 = Düsennadel; 8 = Düsenkörpersitz; 9 = Spritzloch; 10 = Kraftstoffzulauf; 11 = Überwurfmutter; 12 = Stabfilter; 13 = Leckkraftstoffanschluss; 14 = Leckkraftstoffbohrung; 15 = Ausgleichscheibe; 16 = Druckkanal; 17 = Druckfeder; 18 = Druckbolzen; 19 = Druckzapfen; 20 = Fixierstift

Kraft der Druckfeder 2 (6) durch die hochdruckseitigen Kräfte überwunden werden. Bei hohen Drehzahlen wird die erste Stufe schnell durchfahren. Die Schließkräfte und darüber die Öffnungsdrücke werden durch Vorspannen der Druckfedern mittels Ausgleichscheiben

Abb. 3.53 Zweifeder-
Düsenhalterkombination:
1 = Haltekörper;
2 = Ausgleichscheibe;
3 = Druckfeder 1;
4 = Druckbolzen;
5 = Führungsscheibe;
6 = Druckfeder 2;
7 = Druckstift;
8 = Federteller;
9 = Zwischenscheibe;
10 = Hubeinstellhülse;
11 = Düsenkörper;
12 = Düsenspannmutter;
13 = Düsennadel;
h_1 = Vorhub;
h_2 = Haupthub

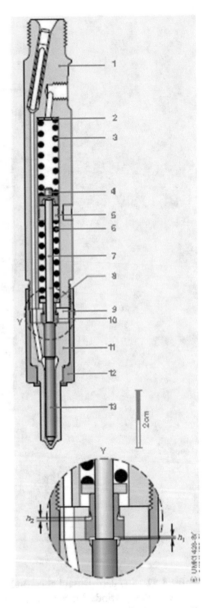

(2) eingestellt. Der abgestufte Einspritzverlauf führt zu einer „weicheren Verbrennung", wodurch die Verbrennungsgeräusche insbesondere im Leerlauf- und Teillastbereich reduziert werden.

3.6.2.16 Düsenhalter mit Nadelbewegungssensor

Für elektronisch geregelte Einspritzsysteme sind Düsenhalter mit einem Nadelbewegungssensor im Einsatz. Ein mit dem Druckbolzen verbundener Stift taucht in eine Induktionsspule im Düsenhalter ein und liefert Signale zu Spritzbeginn, Spritzende und Einspritzfrequenz.

3.7   Hochdruckverbindungen

Die Hochdruck-Kraftstoffleitungen und ihre Anschlüsse stellen die Verbindungen zwischen den hochdruckführenden Einspritzkomponenten her.

3.7.1   Hochdruckanschlüsse

Die Hochdruckanschlüsse müssen gegen den Kraftstoff mit maximalem Systemdruck sicher abdichten. Man unterscheidet folgende Anschlussarten:

- Dichtkegel mit Überwurfmutter und
- Druckrohrstutzen.

3.7.1.1   Dichtkegel mit Überwurfmutter

Diese Anschlussart (Abb. 3.54) wird bei allen Einspritzsystemen verwendet, da sie einfach angepasst und problemlos mehrfach gelöst und angezogen werden kann. Der aus dem Grundmaterial geformte Rohrdichtkegel (3) wird mit Überwurfmutter (2) in den Kegel des Druckanschlusses gedrückt. Eine zusätzliche Druckscheibe (1) verteilt den Druck der Überwurfmutter gleichmäßiger auf den Dichtkegel. Am Dichtkegel dürfen keine Querschnittsverengungen auftreten. Meist werden gestauchte Rohrdichtkegel nach DIN 73.365 [19] ausgeführt (Abb. 3.55).

3.7.1.2   Druckrohrstutzen

Druckrohrstutzen (Abb. 3.56) finden typischerweise Verwendung bei Nfz-Anwendungen in Verbindung mit Unit-Pump- und Common-Rail-Systemen. Die Schraubverbindung (8) drückt den Druckrohrstutzen (3) direkt in den Düsenhalter (1) bzw. Injektor. Er enthält auch einen wartungsfreien Stabfilter (5), der grobe Verunreinigungen im Kraftstoff zurückhält. Am anderen Ende ist er über einen konventionellen Druckanschluss mit Dichtkegel und Überwurfmutter (6) mit der Hochdruckleitung (7) verbunden. Die Verwendung eines Druckrohrstutzens ermöglicht kürzere Kraftstoffleitungen und kann Platz- oder Montagevorteile bringen.

3.7.1.3   Hochdruck-Kraftstoffleitungen

Die Hochdruckleitungen müssen dem maximalen Systemdruck, den zum Teil hochfrequenten Druckschwankungen und den hohen Beschleunigungen und Schwingungen des Verbrennungsmotors standhalten. Sie bestehen aus nahtlosen Präzisionsstahlrohren mit besonders gleichmäßigem Gefüge, die eine hohe Festigkeit und eine hohe Zähigkeit besitzen, um sowohl die hohen statischen Drücke als auch die dynamische Schwellbelastung ertragen zu können. Aus der Warmrohrherstellung resultieren unvermeidbare Oberflächenfehler an der Rohrinnenoberfläche, die unter Dauerschwingbelastung die Rissbildung

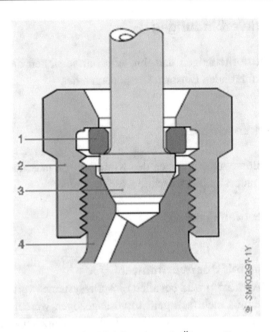

Abb. 3.54 Hochdruckanschluss mit Dichtkegel und Überwurfmutter: 1 = Druckscheibe; 2 = Überwurfmutter; 3 = Rohrdichtkegel der Hochdruck-Kraftstoffleitung, 4 = Druckanschluss der Einspritzpumpe oder des Düsenhalters

Abb. 3.55 Angestauchter Dichtkegel (Hauptmaße):
1 = Dichtfläche;
d = Außendurchmesser der Leitung;
d_1 = Innendurchmesser der Leitung;
d_2 = Innendurchmesser des Kegels;
d_3 = Außendurchmesser des Kegels;
k = Länge des Kegels;
R_1, R_2 = Radien

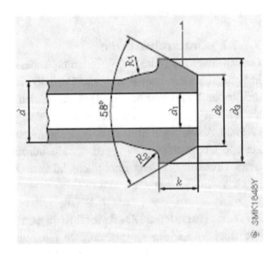

begünstigen können. Anzahl und Art sollten daher möglichst gering sein, um die Wahrscheinlichkeit eines Frühausfalls zu reduzieren. Durch mechanische oder chemische Behandlungen erreicht man ein geeignetes Oberflächenqualitätslevel. Allerdings ist eine von der Innenoberfläche des Rohres beginnende Rissausbreitung nicht nur von der Oberflächenqualität, sondern auch von den dort herrschenden Spannungsverteilungen abhängig.

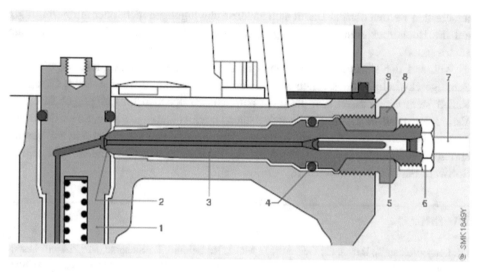

Abb. 3.56 Beispiel eines Druckrohrstutzens: 1 = Düsenhalter; 2 = Dichtkegel; 3 = Druckrohrstutzen; 4 = Dichtung; 5 = Stabfilter; 6 = Überwurfmutter; 7 = Hochdruck-Kraftstoffleitung; 8 = Schraubverbindung; 9 = Zylinderkopf

Tab. 3.6 Wandstärke von Hochdruck-Kraftstoffleitungen in mm (Die fett gedruckten Wandstärken sind zu bevorzugen.)

d_1	1,4	1,5	1,6	1,8	2,0	2,2	2,5	2,8	3,0	3,6	4,0	4,5	5,0	6,0	7,0	8,0	9,0
$d = 4$	1,3	1,25	**1,2**														
5	1,8	1,75	1,7	1,6													
6		**2,25**	**2,2**	2,1	**2,0**	1,9	**1,75**	**1,6**	**1,5**								
8				**3,0**	2,9	**2,75**	**2,6**	2,5	**2,2**	**2,0**							
10					**3,75**	**3,6**	**3,5**	**3,2**	**3,0**	2,75	2,5						
12							**4,5**	4,2	**4,0**	3,75	**3,5**						
14											**5,0**	4,75	**4,5**	**4,0**		3,0	
17													6,0	**5,5**	**5,0**	4,5	
19																	**5,0**
22																**7,0**	

d = Außendurchmesser der Leitung, d_1 = Innendurchmesser der Leitung

Um in der Rohrwand ein günstiges Eigenspannungsprofil zu erhalten, werden Dieseleinspritzleitungen gezielt in Autofrettageprozessen [20] in ihren Eigenschaften optimiert.

Die Länge, der Leitungsquerschnitt und die Wandstärke der Hochdruckleitungen haben Einfluss auf den Einspritzverlauf. Außen- und Innendurchmesser (Tab. 3.6) sowie die Leitungslänge werden daher projektabhängig festgelegt. Die Leitungen müssen für jeden Zylinder gleich lang und so kurz als möglich sein. Die verschiedenen Abstände zwischen Einspritzpumpe bzw. Rail und dem zugehörigen Motorzylinder werden durch Biegungen im Leitungsverlauf ausgeglichen, wobei vorgeschriebene Mindestbiegeradien nicht unterschritten werden dürfen. Damit sich äußere Schwingungen nicht oder nur geringfügig auf die Hochdruckleitungen übertragen, werden die Leitungen mit Klemmstücken am Motor fixiert.

Während der Einspritzung entstehen in den Leitungen Druckwellen, die sich mit Schallgeschwindigkeit ausbreiten und an den Enden reflektiert werden. Beim Common-Rail-System beeinflussen sich die dicht aufeinanderfolgenden Einspritzungen in einem Verbrennungstakt durch die jeweils ausgelösten Druckwellen gegenseitig. So wird z. B. die Menge der Haupteinspritzung abhängig von Voreinspritzmenge und Abstand zur Voreinspritzung beeinflusst. Der Effekt wird bei der Festlegung von Kennfeldern oder mittels Software-Funktionen kompensiert.

Literatur

1. Lengenfelder, T.; Barba, C.; Gerhardt, J.; Maier, R.; Schmid, L.; Stengele, M.: Zukunft gestalten – Effiziente Bosch Einspritzsysteme für Nutzfahrzeuge. 37. Wiener Motorensymposium (2014)
2. Wintrich, T.; Krüger, M.; Naber, D.; Zeh, D.; Uhr, C.; Köhler, D.; Hinrichsen, C.: Bosch Common Rail Solutions for High Performance Diesel Power Train. 25. Aachener Kolloquium Fahrzeug- und Motorentechnik (2016)
3. Leonhard, R.; Parche, M.; Alvarez-Avila, C.; Krauß, J.; Rosenau, B.: Pressure-Amplified Common Rail System for Commercial Vehicles. MTZ 70, 10–15 (2009)
4. Wintrich, T.; Krüger, M.; Naber, D.; Zeh, D.; Hinrichsen, C.; Uhr, C.; Köhler, D.; Rapp, H.: Bosch common rail for passenger car/light duty – The first 20 years. 18. Internationales Stuttgarter Symposium (2017)
5. Ottenbacher D.; Fuchs W.: Die neue Bosch Common Rail Hochdruckpumpe CP4, 8. Magdeburger Maschinenbautage (2007)
6. Lengenfelder, T.; Barba, C.; Gerhardt, J.; Maier, R.; Schmid, L.; Stengele, M.: Zukunft gestalten – Effiziente Bosch Einspritzsysteme für Nutzfahrzeuge. 35. Wiener Motorensymposium (2014)
7. Schmid, L.; Lengenfelder, T.; Sassen, K.; Sommerer, A.: CO_2 Optimierung des Common-Rail Einspritzsystems für Nutzfahrzeugmotoren. In: Liebl, J.; Beidl, C. (Hrsg). Proceedings Internationaler Motorenkongress 2015, S. 653–668. Springer Vieweg, Wiesbaden (2015)
8. Kendlbacher, C.; Müller, P.; Bernhaupt, M.; Rehbichler, G.: Large Engine Injection Systems for Future Emission Legislations. 26. CIMAC World Congress on Combustion Engine Technology. Bergen (2010)
9. Kendlbacher, C.; Hlousek, J.: Common Rail Systems for Large Diesel Engines. 24. CIMAC World Congress on Combustion Engine Technology, Kyoto (2004)
10. Kendlbacher, C.; Leonhard, R.; Parche, M.: Einspritztechnik für Schiffsdieselmotoren. MTZ Sonderheft: Die Einspritzung als Schlüsseltechnik, MTZ 72, 262–267 (2011)
11. Kendlbacher, C.; Blatterer, D.; Bernhaupt, M.; Meisl, C.: The 2200 bar Modular Common Rail Injection System for Large Diesel and HFO Engines. 27 CIMAC World Congress on Combustion Engine Technology, Shanghai, (2013)
12. Kendlbacher, C.; Meisl, C.; Bernhaupt, M.; Schimon, R.; Blatterer, D.; Lengenfelder, T.: Das 2200 bar Modulare Common Rail Einspritzsystem für Diesel und Schweröl Großmotoren. 14. Tagung „Der Arbeitsprozess des Verbrennungsmotors", Graz (2013)
13. Kendlbacher, C.; Blatterer, D.; Bernhaupt, M.: Advanced Injection Systems for Large Marine and Industrial Engines. MTZ Industrial, 42–49 (2015)

14. Reif, K. (Hrsg.): Klassische Diesel-Einspritsysteme, 1. Aufl., S. 224–225. Springer Vieweg+-Teubner, Wiesbaden (2012)
15. Potz, D.; Christ, W.; Dittus, B.; Teschner, W.: Dieseldüse – die entscheidende Schnittstelle zwischen Einspritz-system und Motor. In: Bargende M.; Essers, U. (Hrsg) Dieselmotorentechnik 2002, S. 1–11. expert, Renningen (2002)
16. Blessing, M.; König, G.; Krüger, C.; Michels, U.; Schwarz, V.: Analysis of Flow and Cavitation Phenomena in Diesel Injection Nozzles and its Effects on Spray and Mixture Formation. SAE-Paper 2003-01-1358
17. Winter, J.; Dittus, B.; Kerst, A.; Muck, O.; Schulz, R.; Vogel, A.: Nozzle hole geometry – a powerful instrument for advanced spray design. In: THIESEL international conference on Thermo and fluid dynamics processes in diesel engines. Valencia (2004)
18. Bittlinger, G.; Heinold, O.; Hertlein, D.; Kunz, T.; Weberbauer, F.: Die Einspritzdüsenkonfiguration als Mittel zur gezielten Beeinflussung der motorischen Gemischbildung und Verbrennung. Konferenzband Motorische Verbrennung. Haus der Technik (2003)
19. DIN 73365-3:1970-01: Einspritzpumpen für Dieselmotoren; Druckrohranschlüsse
20. Hagedorn, M.; Lechtenfeld, U.; Zaremba, A.: Präzisrohre für Hochdruck-Dieseleinspritzleitungen. MTZ, 200–205 (2008)

Einspritzsysteme für Dieselmotoren

1. Wie arbeitet ein Dieselmotor?
2. Wie sind das Drehmoment und die Leistung definiert?
3. Durch welchen Vergleichsprozess wird der Dieselmotor beschrieben? Wie ist dieser Vergleichsprozess charakterisiert?
4. Wie ist der effektive Wirkungsgrad definiert? Wie wird er berechnet?
5. Welche Betriebszustände gibt es? Wodurch sind diese Betriebszustände charakterisiert?
6. Wodurch sind die Betriebsbedingungen begrenzt?
7. Welche Formen haben die Brennräume und warum?
8. Wofür werden Dieselmotoren eingesetzt?
9. Wie ist die Luftzahl definiert?
10. Wodurch wird die Gemischbildung und die Dieseleinspritzung gezielt beeinflusst?
11. Wie wird die Einspritzmenge berechnet?
12. Wie sieht der Einspritzverlauf aus?
13. Welche Diesel-Einspritzsysteme gibt es und wie funktionieren sie prinzipiell?
14. Wie funktioniert eine Reiheneinspritzpumpe?
15. Wie funktioniert eine Verteilereinspritzpumpe?
16. Welche Einzelzylinder-Systeme gibt es und wie funktionieren sie?
17. Wie ist ein Common-Rail-System aufgebaut und wie funktioniert es? Wie funktionieren die Kraftstoffversorgung und die Hochdruckregelung?
18. Welche Hochdruckkomponenten eines Common-Rail-Systems gibt es und wie funktionieren sie?
19. Welche Injektoren gibt es und wie funktionieren sie?
20. Welche Hochdruckpumpen gibt es, wie sind sie aufgebaut und wie funktionieren sie?

© Springer Fachmedien Wiesbaden GmbH, ein Teil von Springer Nature 2023
K. Reif (Hrsg.), *Einspritzsysteme für Dieselmotoren*, Motorsteuerung lernen,
https://doi.org/10.1007/978-3-658-38724-2

21. Welche Hochdruckkraftstoffspeicher und -Anbaukomponenten gibt es, wie sind sie aufgebaut und wie funktionieren sie?
22. Welche Hochdruckkomponenten eines Common-Rail-Systems gibt es bei Großdieselmotoren und wie funktionieren sie?
23. Welche Bauarten gibt es für Einspritzdüsen und Düsenhalter und wie sind sie aufgebaut?
24. Welche Hochdruckverbindungen gibt es, wo werden sie eingesetzt und wie funktionieren sie?

Printed in the United States
by Baker & Taylor Publisher Services